단백질의 일생

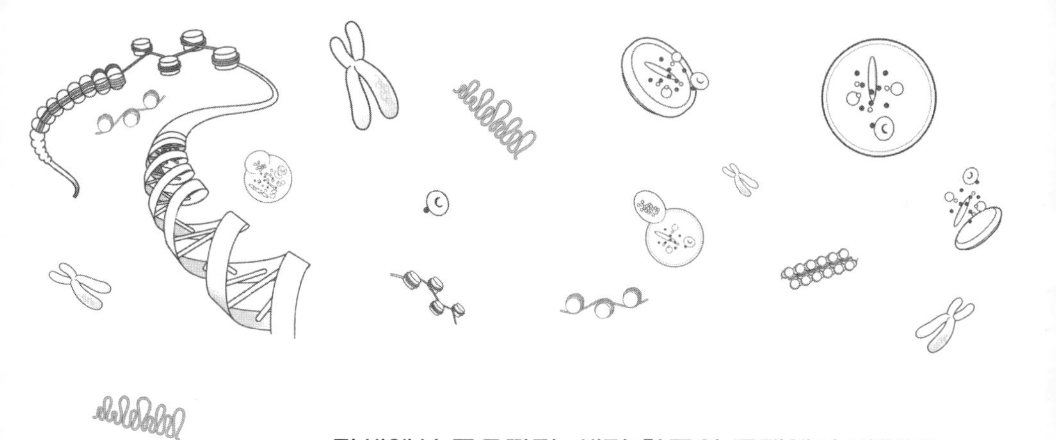

탄생에서 죽음까지, 생명 활동의 무대에서 펼쳐지는
은밀하고 역동적인 드라마

단백질의 일생

나가타 가즈히로 지음
위정훈 옮김
강석기 감수

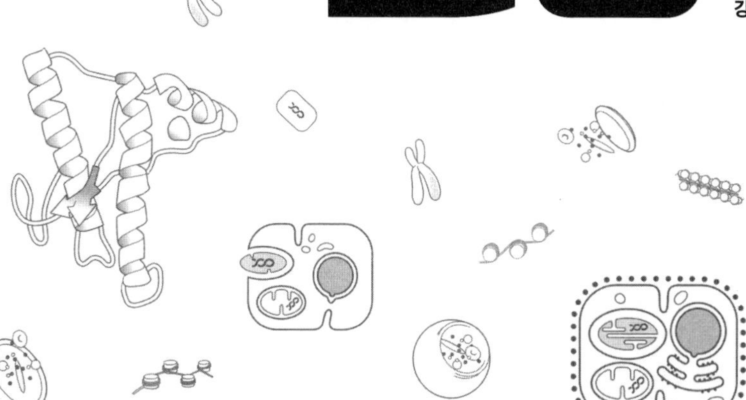

파피에

TAMPAKUSHITSU NO ISSHO – SEIMEI KATSUDO NO BUTAIURA –
by Kazuhiro Nagata

First published 2008 by Iwanami Shoten, Publishers, Tokyo
This Korean edition published 2018
by Papier Publishing Co., Ltd., Seoul
by arrangement with Iwanami Shoten, Publishers, Tokyo
through Double J Agency, Gimpo-si.

감수의 말

생체분자 가운데 단백질이 제대로 평가받지 못하고 있다는 생각을 늘 해왔다. 많은 사람들이 탄수화물, 지방과 함께 칼로리를 내는 영양소 정도로만 알고 있기 때문이다. 일본의 저명한 단백질 연구가 나가타 가즈히로 교수의 책 『단백질의 일생』 첫 구절에서 같은 맥락의 문장을 보고 무릎을 쳤다.

책을 읽어나가면서 단백질의 다채로운 모습을 흥미진진하면서도 정확하게 그리고 있는 저자의 솜씨에 감탄했다. 수십 년 동안 단백질과 씨름한 연구자이기 때문에 가능한 일일 것이다. 단백질을 이해하려면 먼저 세포를 알아야 하고 단백질의 정보를 지니는 DNA를 알아야 한다. 저자는 1장과 2장에서 현대 생명과학의 기초를 단백질의 관점에서 풀어 설명한다.

그 뒤 3장부터 6장까지 본격적으로 단백질을 다루고 있다. 먼저 3장에서는 아미노산 사슬이 어떻게 3차원으로 접혀 단백질 구조를 이루는가를 다루고 있다. '구슬이 서 말이라도 꿰어야 보배'라는 속담이 있지만 아미노산은 꿰기만 해서는 보배가 되지 못한다. 저자는 1차원 구조인 사슬이 올바른 3차원 구조를 이루는 데 안내자 역할을 하는 샤프롱 단백질을 소개하며 그 중요성을 강조한다.

4장에서는 이렇게 만들어진 단백질이 생체반응을 촉매하는 효소나 세포를 이루는 벽돌 역할을 하기 위한 장소로 어떻게 이동하는가를 설명하고 있다. 우리는 어마어마하게 많은 물건들을 잽싸게 분류해 하루 만에 배달하는 현대 사회의 택배 시스템에 감탄하지만, 세포 내 단백질 수송 시스템에는 비교가 되지 않음을 알 수 있을 것이다.

5장에서는 용도를 다한 단백질이 어떻게 폐기되고 재활용되는가를 살펴본다. 환경으로 몸살을 앓고 있는 오늘날 쓰레기 처리가 큰 문제이지만, 우리 몸은 이미 정교한 해결책을 마련해 놓았음을 알 수 있다.

끝으로 6장에서는 단백질이 잘못 만들어지거나 변형됐을 때 어떤 일이 벌어지는가를 그리고 있다. 세상 모든 일이 그렇듯이 아무리 시스템이 잘 갖춰져 있어도 오류는 생기기 마련이고 때로는 불성실한 자세(잘못된 생활습관)가 상황을 악화시키기도 한다. 6장을 읽고 나면 우리 몸을 좀 더 소중히 대해야겠다는 생각이 들 것이다.

우리나라는 지난해 65세 인구가 전체 인구의 14%를 넘는 고령사회에 진입했다. 2000년대 들어 알츠하이머병을 비롯한 각종 신경퇴행성 질환이 단백질 문제에서 비롯된다는 게 입증됐다. 단백질을 좀 더 잘 이해해 해결책을 찾아낸다면 삶의 질이 나아질 수 있을 것이다. 이 책이 많은 사람들에게 단백질의 중요성을 알게 되는 계기가 되고 학생들에게 단백질 연구에 도전할 꿈을 갖게 했으면 하는 바람이다.

2018년 11월

강석기

머리말

세포 안의 일꾼, 단백질

단백질, 하면 무엇이 떠오르는가? 우유, 쇠고기, 두부 등 식품에 함유된 영양소로서 단백질을 떠올리는 사람이 많을지 모르겠다. 미백 효과가 있다고 광고에 많이 나오는 콜라겐을 떠올리는 사람도 있을 것이다.

그러나 단백질을 함유하고 있는 것은 우유나 콩뿐만이 아니다. 우리들 인간의 신체는 60~70%가 수분이며 고형 성분의 약 20%는 단백질이다. 우리 몸을 구성하는 단백질은 20종류의 아미노산이 가지치기를 하지 않고 한 줄로 쭉 이어져서 이루어져 있다. 우리가 식품으로 섭취한 단백질을 아미노산이라는 구성 요소로까지 분해하고, 다시 아미노산을 서로 연결하여 단백질을 만들어낸다. 이런 순환이야말로 생명 활동의 근본이며 단백질은 인간의 신체를 책임지는 가장 중요한 물질 가운데 하나다.

흔히 '인체는 하나의 우주'라고 하는데 몇 가지 수치를 살펴보면 그것이 실감난다. 자세한 것은 다음 장에서 살펴보고 여기서는 세 가지 퀴즈를 맞혀보자.

첫 번째 퀴즈는 세포에 관한 것이다. 인간의 신체가 '세포'로 이루어져 있다는 것은 누구나 알고 있다. 그런데 신체는 과연 몇 개의 세포로 이루어져 있을까? 정답은 약 60조 개다.[1] 터무니없는 숫자에 좀처럼 실감이 나지 않겠지만, 예를 들어 2007년도 일본의 국가예산은 일반회계가 약 80조 엔이다. 이것도 역시 실감나지 않는 숫자지만, 이만큼의 금액을 1만 엔 지폐로 쌓아 올린다면 100만 엔을 1센티미터로 잡았을 때 800킬로미터가 된다. 후지산 높이의 200배 이상, 길이로 따지면 도쿄에서 시모노세키까지 직선거리다.

세포 하나하나의 크기는 종류에 따라 다르지만 10~20마이크로미터쯤 된다. 1밀리미터의 100분의 1에서 50분의 1 정도다. 덧붙여서 세포 하나의 크기를 지름 10마이크로미터인 공이라고 가정하고 신체 전체의 세포를 한 줄로 늘어세우면 길이는 30만 킬로미터가 된다. 우리들 한 사람 한 사람의 신체 안에는 이만큼의 세포가 채워져 있는 것이다.

---

1) 감수자주 : 2016년 발표된 논문에 따르면 약 30조 개다. 자세한 내용은 『과학의 위안』 166쪽 '장내 미생물 숫자가 인체 세포의 열 배라고?' 참조.

적혈구를 제외하고, 우리의 세포는 각각 '핵'이라 불리는 부분을 갖고 있으며 그 안에 'DNA'를 축적하고 있다. 오늘날에는 DNA가 유전정보를 갖고 있는 것으로 잘 알려져 있는데, 부모에서 자식으로 전달되는 유전정보, 신체의 설계도를 담당하는 이 DNA는 간단히 말하면 아주 가느다란 끈 같은 것이다. 정보는 어떤 경우든 한쪽 방향으로 읽을 수 있어야만 하는데, 갈라지지 않은 끈 같은 구조를 하고 있음으로써 정보를 착실하게 전달할 수 있다.

DNA 끈은 46개의 염색체로 핵에 담겨 있다. 세포 하나에 포함되어 있는 DNA를 서로 연결하여 똑바로 한 줄로 세우면 약 1.8미터나 된다. 즉, 불과 1밀리미터의 100분의 1 정도의 세포 속, 다시 그것의 일부인 핵 안에 인간의 키 정도의 DNA가 채워져 있는 것이다.

두 번째 퀴즈. 한 사람의 체내에 있는 DNA를 일직선으로 이으면 어느 정도의 길이가 될까? 답은 단순한 곱셈으로 1.8미터×60조, 즉 1,000억 킬로미터이다. 태양과 지구 사이를 무려 300번 오갈 수 있는 길이다.[2] 우리의 신체는 그야말로 천문학적인 숫자를 품고 있는 것이다. 세포는 극도로 작은 생명의 단위지만 그 안에는 우주적인 숫자를 품은 '마이크로 코스모스(미소

2) 감수자주 : 약 30조 개의 세포 가운데 핵, 즉 DNA가 있는 세포는 3조 개 내외다. 따라서 본문은 다음과 같이 수정돼야 한다. 1.8미터×3조, 즉 50억 킬로미터다. 태양과 지구 사이를 무려 15번 오갈 수 있는 길이다.

우주)'라고 말할 수 있을 것이다.

20여 년 전에 혼조 다스쿠(本庶佑)가 쓴 『유전자가 말하는 생명의 모습』이라는 책을 읽었는데, 이 DNA의 길이를 쓴 대목이 있었다. 대략적인 숫자의 유희에 불과하지만 놀랍도록 신선했고 생물이라는 존재의 신비를 엿본 느낌이었다.

요즘 초등학생이나 중학생의 자살이나 어린 아이 학대치사 뉴스가 많이 들려온다. 그런 사건들에 대해 유효한 예방법을 강구하는 것이 시급한 국가적 과제일 것 같은데, 개인적으로는 생명의 소중함을 100번 말하는 것보다 우리가 갖고 있는 DNA 길이의 놀라운 마법을 말해주는 것이 훨씬 효과적이지 않을까 생각한다.

인간은 키가 2미터도 안 되는 존재다. 지구라는 규모에서 보아도, 우리가 생존할 수 있는 100년이라는 시간의 길이에서 보아도, 참으로 하찮은 존재임이 틀림없다. 그러나 그렇게 하찮은 것으로 여겨지는 '나'라는 존재는 다른 한편으로 마이크로와 매크로를 잇는 위대한 코스모스이기도 하다. 한 사람의 인간은 무려 60조나 되는 세포를 품고 있으며, 부모로부터 물려받은 DNA의 총 길이는 태양과 지구를 300번 오갈 수 있는 길이를 갖고 있다. '나'라는 존재가 아무리 하찮고 미덥지 못하게 여겨진다 해도, 이런 관점에서 다시 생각해본다면 쉽사리 목숨을 끊는다거나 어린 아이를 학대하는 일이 얼마나 말이 안 되는지 실감할 수 있을 것이다. 생명의 소중함을 머리가 아니라 감각으로 느끼는 것, 본문에서 이야기할 생명의 정교한 구조를 알게 됨으로써 여러분이 그것을 자연스럽게 받아들이게 될 것으로 나는 기대한다.

마지막으로 세 번째 퀴즈. 그렇다면 세포라는 마이크로 코스모스 안에 단백질은 과연 얼마나 함유되어 있을까? 이 답도 또한 천문학적인 숫자로, 60조 개의 세포가 각각 80억 개 정도의 단백질을 갖고 있다고 한다. 이 80억 개는 한번 만들어지면 그것으로 끝이 아니라 분해와 생성을 계속 되풀이하며 신진대사를 하고 있다. 가장 활동적인 세포의 생성 속도는 1초에 수만 개라는 계산이 있다. 1밀리미터의 100분의 1 정도 크기의 세포, 그 하나의 세포가 단지 살아가기 위해서만 80억 개나 되는 단백질이 필요한 것이다.

60조 개나 되는 세포 하나하나의 안에서는 매초마다 엄청난 기세로 단백질이 계속해서 만들어지고 있다. 우리는 그것을 전혀 의식하지 못하고 살아가고 있지만 우리가 알지 못하는 곳에서, 그토록 은밀하고 부지런한 활약이 벌어지고 있기에 비로소 우리라는 존재가 있는 것이다.

그리고 이 책에서 지금부터 살펴보듯이, 이렇게 태어난 다양한 단백질이야말로 생체라는 또 하나의 우주, 마이크로 코스모스의 생명 활동을 모든 면에서 지탱하고 있다. 반대로 말하면 단백질에 대해서 안다는 것은, 단언컨대 '생명'의 영위 자체를 아는 것이다. 단백질, 하면 일반적으로 쇠고기나 돼지고기 같은 고기, 또는 콩 따위 식물성 단백질 등 먹거리를 연상한다. 그러나 단백질은 먹거리로만 중요한 것이 아니라 우리의 세포를 가장 작은 단위로 하는 '생명'의 영위를 담당하는 가장 중요한 일꾼이다.

수많은 질병도 어딘가에서 단백질이 관여하고 있다. 생명 활동에 필수적인 단백질이 결여되거나 이상을 일으켜서 정상적인 생명 활동을 못하게 되기도 하고, 이상한 단백질이 축적되어 알츠하이머나 프리온병(BSE 등)처럼 우리의 신경세포를 손상시키기도 한다. 단백질은 우리의 생명 활동의 주역이라고 해도 지나친 말이 아니다.

생명과학(Life Science)이라는 말은 일반인에게도 친숙하다. 생명과학은 생명 활동을 담당하는 분자를 대상으로, 그들 분자가 어떻게 작용하여 생명 활동이 영위되고 있는가를 해명하는 학문이다. 이 책은 세포생물학이라는 현대 생명과학의 가장 근간을 이루는 분야에 대해서 이야기할 것이다. 그러나 단순한 세포생물학 교과서가 아니다. 생명 활동의 주역인 단백질에 초점을 맞춰서, 그 개개의 단백질에게도 우리들 인간의 일생과 똑같이 탄생—성장—성숙—노화—죽음의 드라마가 있다는 것을 독자 여러분과 함께 체험해보자는 책이다.

더 나아가 최근 커다란 주목을 받고 있는, 단백질 자신의 병이라고도 말할 수 있는 이상한 단백질의 생성과 그것의 이상을 발 빠르게 포착하여 이상사태에 대처하는 세포의 위기관리 능력에 대해서도 설명할 것이다. 그런 위기관리 시스템이 망가지면 병으로 직결되는 것은 두말할 필요가 없을 것이다. 그리고 세포 내의 단백질 품질관리 시스템과 그것의 파탄으로서의 질병에도 돋보기를 들이대보고 싶다.

이 책은 먼저 제1장에서는 단백질이 일하는 장소인 세포에 대해 간단히 설명한다. 생물학을 잘 모르는 독자라면 고등학교 수준의 생물학 지식도 정리할 겸, 훑어보기 바란다. 제2장에서는 DNA에 축적된 유전정보를 토대로 단백질이 어떻게 만들어지는가, 즉 합성의 메커니즘을 살펴보며 제3장에서는 이렇게 만들어진 각각의 단백질이 어떻게 구조를 만들어가는가, 즉 성장과 성숙의 메커니즘에 대해 설명한다. 단백질의 일생에서 보면 청소년기에 해당한다.

단백질은 만들어지기만 해서는 아무 소용이 없으며, 올바른 장소로 수송되어야 비로소 기능을 발휘한다. 그리고 참으로 재미있게도, 어디로 수송될 것인지는 단백질 자신에게 꼬리표로 달려 있다. 이런 수송처의 인식과 선별기구 이야기를 제4장에서 정리했다. 인간의 일생에 비유하면 출퇴근이나 전근에 해당할 것이다. 그리하여 제대로 만들어지고 가야 할 곳으로 운반된 단백질은 충분히 기능하여 일을 마친 후 마침내 죽음을 맞이한다. 제5장에서는 단백질의 죽음으로서의 분해가 어떻게 이루어지는지, 말하자면 단백질의 일생 후반부, 즉 퇴직이나 노년기, 그리고 죽음에 이르는 국면을 알아볼 것이다.

우리 체내에서는 매일매일 엄청난 양의 단백질이 반복적으로 만들어지고 분해되고 있다. 그러다보면 잘못된 단백질도 만들어지고 너무 많이 만들어진 단백질을 처분해야 하는 경우도 생긴다. 그런 생산 현장에서의 품질관리 메커니즘에 대해 제6장에서 이야기한다. 인간 사회에서는 식품이나 의약품의 허술한 품질관리가 많은 사회문제가 되고 있다. 그러나 세포 내부에서는 인간 사회의 품질관리 메커니즘을 떠올리게 하는 메커니즘이 참으로 훌륭하게 작동하며 결코 속임수를 쓰거나 게으름을 부리는 일 없이, 대단히 성실하게 단백질의 품질을 체크하여 재생, 분해 등으로 대처하고 있다.

그러나 이들의 품질관리를 잘못하거나 불량품을 대량으로 너무 많이 만들어내서 처분해야 하는 단백질을 적절하게 처분하지 못하면 병이 생긴다. 인간이 그러하듯이, 단백질의 병도 노년기에 발병하는 경향이 있지만 젊은 시기, 어린 시기에도 당연히 발병하며 단백질의 탄생에도 대단히 정교한 품질관리 시스템이 작동하고 있다.

이제 각 장별로 단백질의 일생을 살펴볼 것이다. 우리가 갖고 있는 수만 종류의 단백질 중에서 수명이 짧은 것은 몇 초에 불과하지만 긴 것은 몇 달씩이나 일을 하는 것도 있다. 단백질은 참으로 개성적인 존재이기도 한 것이다. 그런 다양성을 염두에 두면서 보편적인 단백질의 일생을 추적해보자.

차례

제1장. 단백질이 사는 세계

_ '세포'라는 소우주

우리에게 친숙한 단백질부터

눈에 보이는 단백질로 쇠고기, 돼지고기, 닭고기 등 먹거리로서의 단백질을 떠올려보자. 고기는 그야말로 단백질덩어리라고 말할 수 있는데, 근육의 주성분은 근육의 수축운동에 꼭 필요한 액틴(actin) 및 미오신(myosin)이라는 단백질이다. 특히 액틴은 동물의 근육에서 쉽게 추출하여 정제할 수 있어서 예전부터 연구되어왔다.

곰탕 등을 만들 때 사골을 고아낸 국물은 식으면 굳어지는데 이 덩어리 안에 많이 함유된 성분으로 콜라겐이 있다. 콜라겐도 우리 신체를 구성하고 있는 모든 단백질의 무려 3분의 1을 차지하는 가장 많은 단백질이며 역시 예전부터 연구가 진행되어왔다. 콜라겐은 세포가 만들어내는 단백질인데, 세포 밖으로 분비되어 세포외기질(細胞外基質)이라 불리는, 이른바 세포의 이불 역할을 하며 세포와 세포 사이를 메우는 단백질로 중요한 위치를 차지하고 있다.

그런데 액틴이나 콜라겐은 소 등의 고기나 뼈에만 함유되어 있을까. 물론 그렇지 않으며, 인간의 근육에도 액틴이 대단히 다량으로 함유되어 있다. 근육뿐만 아니라 대부분의 세포는 액틴을 갖고 있다. 근육이 우리의 신체를 움직이기 위해 일하고 있는 것과 마찬가지로 액틴은 많은 세포의 안에도 있으며 세포 자체의 운동을 담당하고 있다. 세포를 동물의 몸에서 분리하여 배양접시 위에서 배양해보면 아메바처럼 운동하는 것을 관찰할 수 있다. 액틴은 그런 세포운동에 관여하고 있으며 세포 내의 물질 수송에서도 중요한 역할을 맡고 있다.

내가 연구를 시작했을 무렵, 근수축뿐만 아니라 세포운동에도 액틴과 미오신 같은 단백질이 관여하고 있는 것 같다는 사실이 밝혀지기 시작했다. 특히 액틴은 세포운동뿐만 아니라 세포 골격으로서 세포의 형태를 유지하는 데 기둥이나 들보 같은 작용을 하고 있는 것 같다고 알려지기 시작했다. 당시 백혈병 세포의 운동을 연구하기 시작했던 나는 백혈병 세포에서 액틴을 정제하기로 했다. 처음에 5밀리리터 정도부터 배양을 시작하여 매일 배양액을 늘려 세포를 증식시켜 최종적으로는 한 아름은 될 만한 10리터 병으로 배양을 계속했다. 최초 배양에서 열흘 이상 걸려서 30리터 정도의 배양액으로 키워내자 거기에서 100억 개 정도의 백혈병 세포를 얻을 수 있었다. 그 세포를 으깨서 액틴을 얻는 것이다. 그 무렵, 포유류의 세포에서 액틴을 정제한 보고는 세계적으로도 한 가지 예가 있었을 뿐이었으며, 일본에서 액틴을 근육 이외의 포유류 세포에서, 심지어 혈구세포에서 정제해서 보고한 것은 분명히 내가 처음이었을 것이다. 지금은 드문 일이 아니지만 그때 일은 나의 은밀한 자랑거리다. 과학 분야에서는 그런 소소한 '최초'가 과학자의 일상적인 실험을 격려하는 힘이 되기도 한다.

액틴이나 콜라겐은 인간이 갖고 있는 중요한 단백질이지만 이들은 인간이나 소 같은 포유류뿐만 아니라 훨씬 하등한 생물에도 함유되어 있다. 예를 들면 물고기나 성게는 물론, 과학자들이 보통 파리라고 부르는 초파리(과일 등에 달려드는 작은 파리)에도 거의 같은 액틴이 있음이 보고되었다. 그리고 앞으로도 계속 이야기하겠지만, 그것들은 단백질로서 서로 대단히 비슷한 성질을 갖고 있다.

소재가 되는 '아미노산'

먼저 단백질의 기본 구조를 확인해보자. 단백질이란 가장 간단히 말하면 '아미노산이 한 줄로 이어져 있는 것'이다. 대부분 물질의 기본적 구성단위는 '원자'이며 원자가 모여서 일정한 기능을 갖게 된 최소단위가 '분자'인데, 아미노산은 단백질을 구성하는 기본적인 분자다.

아미노산을 만드는 원자는 질소(N, 이하 괄호 안은 원자기호)·산소(O)·탄소(C)·황(S)·수소(H)의 5종류뿐이다. 우리의 신체에서 작용하는 단백질을 만드는 것은 20종류의 아미노산인데, 불과 5종류의 원자가 모여서 개개의 아미노산을 만든다. 아미노산은 아미노기($-NH_2$)와 카르복시기(carboxy基, -COOH)를

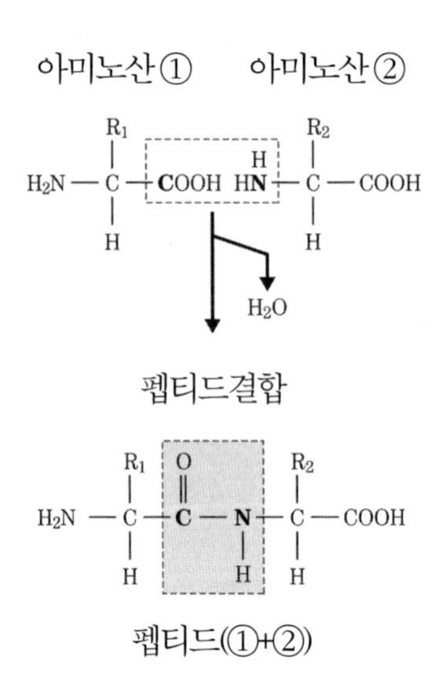

그림 1-1 아미노산의 기본 구조

가진 화합물의 총칭이며, 기본 구조는 모든 아미노산이 같다(그림 1-1). 그러나 각각의 아미노산은 '곁사슬(측쇄側鎖, 그림에는 R로 표시되어 있다)'이라 불리는, 구조가 조금씩 다른 가지를 가지며, 이 차이 때문에 개개 아미노산의 성질이 달라진다.

한 줄의 '끈'

그림 1-1에서 보이듯이 20종류의 아미노산은 펩티드 결합이라는 결합 방식으로 하나로 이어져서 점점 늘어난다. 단백질의 '형태', 말하자면 구조를 생각할 때 중요한 것은 아미노산이

'가지치기를 하지 않고 한 줄의 끈으로 이어져 있다'는 점이다. 모든 단백질은 DNA가 가진 유전정보를 설계도로 삼아 만들어져 있다. DNA의 유전정보가 지정하는 것은 아미노산을 한 줄로 늘어세우는, 그야말로 '순서'뿐인 것이다.

DNA에 담겨 있는 암호를 DNA 끈에 붙여 읽으면서 20종류의 아미노산이 늘어선다. 이것의 원천 정보가 되는 DNA가 한 줄의 끈이므로 그것을 토대로 합성되는 아미노산 역시 필연적으로 한 줄의 끈이 된다. 만약 DNA가 도중에 가지치기를 한다면 같은 부모에게 물려받은 유전정보라도 도중에 가지치기를 거치면서 자손에게 엉뚱한 정보로 이어질 위험이 있다. DNA에 담긴 정보가 일차원이라는 것은 유전정보의 엄밀한 보존과 유지라는 점에서도 중요한 의미를 갖는다.

헤아릴 수 없는 종류의 단백질

한마디로 '단백질'이라고 하지만 그것의 종류는 몇 만 가지나 된다. 소재인 아미노산은 딱 20종류뿐인데 어떻게 그것이 가능할까?

예를 들어 10개의 아미노산이 이어져서 만들어진 단백질을 생각해보자. 20종류를 10개 조합하는 경우, 단순히 계산해도 순서를 포함한 조합 가능성은 20을 10번 곱한 수, 즉 20의 10제곱, 무려 약 10조 가지의 단백질을 만들 수 있다. 더 나아가, 겨우

10개의 아미노산으로 이루어진 것은 대개 단백질이라고 부르지 않는다. 많은 단백질은 100~500개 정도의 아미노산이 이어진 것이다. 20의 500제곱을 굳이 계산해보지 않아도 상상할 수 없을 만큼 다종다양한 단백질이 만들어질 수 있다는 것을 실감할 수 있을 것이다.

참고로, 앞에서 말한 액틴은 약 400개의 아미노산이 이어져서 만들어지며, 콜라겐은 1,000개 이상의 아미노산이 이어진 끈 3개가 나선형으로 얽혀서 하나의 분자가 만들어진다.

골격도 단백질, 효소도 단백질

이처럼 다양한 단백질은 각각의 생명 유지 메커니즘 안에서 고유한 업무를 맡고 있다. 예를 들어 가장 이미지화하기 쉬운 것으로 세포나 조직의 구조, 형태를 만드는 데 이바지하는 단백질을 살펴보자. 앞에서 말했듯이 우리의 신체에 가장 많은 단백질은 콜라겐인데 1,000개 이상의 아미노산으로 이루어진 끈 3개가 나선형으로 얽힌 구조다. 세포의 밖으로 분비된 다음, 다시 그 3개의 나선이 다발을 이루어 가늘고 긴 콜라겐 섬유를 만든다(그림 1-2). 콜라겐을 비롯한 몇 종류의 단백질이 모여서 세포외기질이라 불리는 세포외 환경을 만들고 결합 조직을 형성하고 있다. 또한 콜라겐 중에서도 어떤 종류는 기저막(基底膜)이라는 특별한 막 구조를 만든다. 기저막은 상피세포(모든 조직

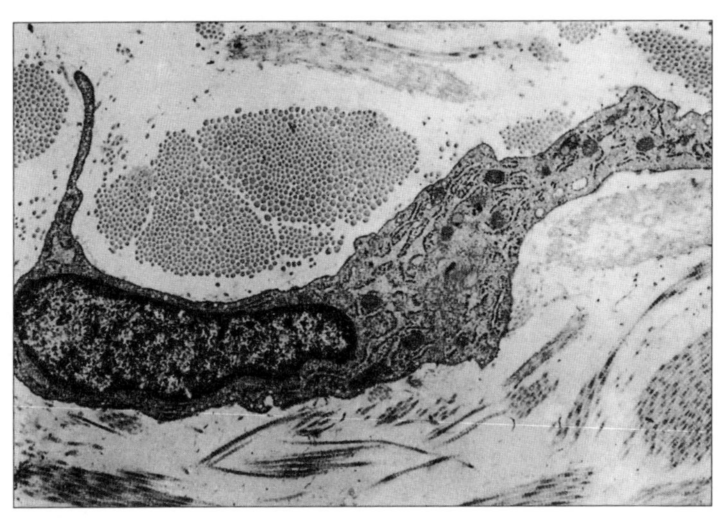

그림 1-2
세포와 콜라겐 섬유. 왼쪽 위가 콜라겐 섬유의 단면이고 오른쪽 아래가 비스듬히 잘린 측면이다. 가운데를 가로지른 것이 섬유아세포(纖維芽細胞)라고 불리는 콜라겐을 생성하는 세포다.

이나 기관의 표면을 만들고 있는 세포)를 지탱하는 데 꼭 필요한 막이다. 예를 들어 혈관은 혈관내피세포라는 상피세포가 관 구조를 만드는데, 이 혈관내피세포의 바깥쪽을 덮고 있는 것은 기저막이며, 기저막이 없으면 혈관이 쉽게 파괴되어 생물은 살아갈 수 없게 된다.

형태를 지탱하는, 말하자면 기둥이나 들보 역할을 하는 섬유는 세포 안쪽에도 필요하며, 그것은 세포 골격이라고 한다. 이 세포 골격의 주성분 가운데 하나가 액틴이다. 세포외기질이나 세포 골격 등 세포나 조직의 형태를 지탱하는 작용을 하는 단백질을 구조(構造)단백질이라고 한다.

'효소'라는 단어는 일반인에게도 친숙한데, 효소 역시 단백질이다. 생체 내에서는 단순한 분자에서 복잡한 분자를 합성하거나 복잡한 분자를 단순한 분자로 분해하여 에너지를 얻는 등의 물질 변환이 계속 일어나고 있다. 이것을 일반적으로 '대사(代射)'라고 하는데, 효소는 체내의 대사 반응을 비롯한 많은 화학반응을 원활하게 진행하기 위한 촉매이다.

예를 들어 힘든 운동을 했을 때 캐러멜이나 설탕 같은 단것을 먹으면 힘이 나기도 한다. 화학적으로 말하면 포도당 같은 당분을 분해하여 'ATP(아데노신3인산, adenosine triphosphate)'라는 에너지의 원천이 되는 분자를 만드는 반응인데, 이 반응은 단지 포도당을 먹거리로 섭취하는 것만으로는 진행되지 않는다. 거기에 열 몇 가지 효소가 일정한 순서대로 촉매로 작용함으로써 포도당을 저분자(크기가 작은 분자)로 분해하여 에너지를 만들어내는 것이다. 포도당에서 '에너지 통화'라고도 부를 만한 ATP에 이르는 대사 반응의 한 단계 한 단계마다 다른 효소가 촉매로 작용한다. 우리의 체내에서는 이것들에 한정되지 않고 수많은 '대사 반응'이 일어나서 생명을 유지하고 있으며, 대부분의 경우 그 반응을 효율적으로 진행하기 위해 단백질이 효소로서 작용하고 있다.

세포 골격 등의 구조 단백질이나 효소로 작용하는 단백질을 만드는 데에도 다양한 단백질이 작용하고 있다. 이것에 대해서도 뒤에서 자세히 이야기하자. 물론 DNA와 RNA, 지질, 당이나 ATP 등, 체내에서 작용하는 대부분의 분자의 탄생에서 주인공을 맡고 있는 것도 단백질이다.

일꾼, 단백질

단백질은 물질이나 에너지도 만들지만 ATP를 사용하여 생명 유지에 필요한 여러 가지 '업무'도 수행한다. 몇 가지 예를 들어보자.

세포 안에서는 다양한 물질을 이리저리 수송할 필요가 있다(제4장에서 자세히 살펴본다). 세포는 그런 수송을 위한 인프라를 갖추고 있다. 세포 안에는 레일 같은 구조가 있으며, 그 위를 화물을 담은 주머니를 싣고 달리는 모터 단백질이 존재한다. 심지어 이 레일에는 상행과 하행의 방향성이 있고, 상행 전용과 하행 전용이라는 두 종류의 모터가 있으며, 그 둘을 나누어 사용함으로써 한 줄의 레일 위를 두 방향으로 달리는 물질 수송에 정교하게 이용하고 있다. '세포 내 수송'이라고 부르는 이 구조에서 레일이나 모터를 만들고 있는 것도 모두 단백질이다.

물질 수송뿐 아니라 정보 전달 역시 생명 유지에 빠뜨릴 수 없는 중요한 작용이다. 수정으로 시작되는 발생 과정에서도 세포 분열이나 수정란에서 다양한 체세포로의 분화 명령은 모두 단백질이 담당하는 정보 전달 구조에 의해 제어된다. 정보를 전달할 때는 보통 몇 단계에 걸쳐 단백질이 릴레이 게임처럼 순차적으로 전달하는데 이 경우에도 인산화반응(단백질에 인산기燐酸基를 붙이는 반응) 등에 의해, 정보 전달 경로의 하류에 있는 단백질을 활성화하여 차례차례 신호를 전달해가는 시스템을 갖고 있다.

태아의 성별도 이런 분화 과정에서 결정된다. 수정란이 남녀 어느 쪽이 될 것인지는 X염색체와 Y염색체, 즉 성염색체의 조합으로 결정된다. X염색체를 2개 갖고 있는 것이 여성, X염색체와 Y염색체를 1개씩 갖고 있는 것이 남성이다. 그러나 수정 7주 정도까지는 여성도 남성도 아닌 상태라고 한다. 8주째쯤에야 비로소 남녀의 구별이 나타나는데, 이것은 정소결정유전자(精巢決定遺傳子)에 의해 만들어지는 특정 단백질이 규정한다고 한다. 원래는 여성이 되게 발생한 태아가 어떤 특정 단백질을 만들어낸 경우에만 남성이 된다. 디폴트(기본 설정값)는 여성이었던 것이다. 면역학자인 다다 도미오(多田富雄)는 이런 현상을 파악하여 『생명의 의미론』이라는 책에서 "여성은 '존재'지만 남성은 '현상'에 지나지 않는다고 생각한다."고 말했는데, 참으로 명언이다.

마지막으로, '죽음' 또한 단백질이 담당한다. 세포는 아포토시스(apoptosis)라는, 스스로 죽음의 스위치를 켜는 시스템을 갖추고 있다. 말하자면 세포의 자살이다. 아포토시스라는 단어는 원래 낙엽 따위가 나무에서 떨어진다는 의미의 그리스어에서 유래한다. 에너지 효율 면에서는 되도록 오래오래 세포를 살게 하는 것이 바람직하겠지만, 다른 한편으로 오래된 세포가 한없이 살아 있으면 곤란한 경우도 있다.

또한 발생의 어떤 단계에서는 특정 세포가 죽어서 제거되지 않으면 곤란한 경우도 있다. 예를 들면 인간의 태아는 원래는 양서류인 개구리처럼 물갈퀴를 갖고 있다. 발생이 진행됨에 따라 물갈퀴의 막에 해당하는 부분의 세포가 아포토시스에 의해 죽음으로써 탈락한다. 이런 아포토시스를 담당하는 것도 단백질이다. 아포토시스라는 반응은 마구 일어나면 곤란하므로 그 스위치는 몇 단계에 걸쳐 신중하고 엄밀하게 제어되고 있다. 이 반응에는 아포토시스를 담당하는 단백질이 차례차례 하류로 향하면서 활성화되는 반응이 관여하고 있다.

단백질이 발생에서 분화, 죽음에 이르기까지 세포나 개체의 일생을 담당하는 중요한 물질이라는 것을 얼추 훑어보았다. 단백질은 세포나 개체의 일생 모든 것에 관여하는데, 한편으로 그런 단백질 자체에도 일생이 있다. 단백질도 인간과 마찬가지로 탄생과 성장이 있고 취직과 전근을 한 끝에 죽음을 맞이한다. 머리말에서 이야기했듯이 이 책에서는 단백질의 일생을 자세히 살펴봄으로써 그런 단백질이 담당하고 있는 세포라는 극소우주, 즉 마이크로 코스모스에서 일어나는 생명 활동의 무대 뒤편을 엿보고자 한다.

단백질의 일생을 더듬어가는 것은, 한편으로 성실한 인생을 살아간 단백질에 초점을 맞추는 일도 될 것이다. 올바른 인생항로에서 옆길로 새버린 단백질은 종종 숙주인 세포나 개체에 악영향을 미친다. 그런 병이 여럿 있다는 것이 알려지고 있으며, 단백질의 이상한 행동에 의해 생기는 다양한 병리로부터 세포나 개체를 지키기 위해 세포가 단백질의 품질관리를 철저하게 하는 절묘한 시스템을 갖추고 있다는 것도 밝혀지고 있다.

세포생물학

생명과학의 연구 영역에는 주로 생명 활동을 담당하는 분자를 중심으로 연구하는 분야로서 구조생물학, 생화학, 분자생물학, 분자유전학 등의 분야가 있다(그림 1-3 참조). 또한 조직이나 개체로서의 생명 활동이나 거기서 생기는 병리 등을 다루는 분야로서 면역학, 병리학, 발생학 등의 분야가 있다. 그중에서도 다양한 기능분자, 특히 단백질이 세포라는 '장소'에서 어떻게 작용하여 생명 활동을 유지하고 있는지를 연구하는 분야가 세포생물학이다. 모든 생명 활동의 최소단위는 세포이며, 모든 분자는 세포라는 '장소'에 있어야만 비로소 기능이 의미를 갖게 된다. 이렇게 생각하면 세포생물학은 생명과학의 가장 근간에 있는 학문, 그리고 분자와 개체를 서로 연결하는 학문 분야라고 말할 수 있을 것이다. 나의 전문 분야는 세포생물학이며 연구 대상은 단백질의 일생에 깊숙이 관여하는 '분자 샤프롱'이라는

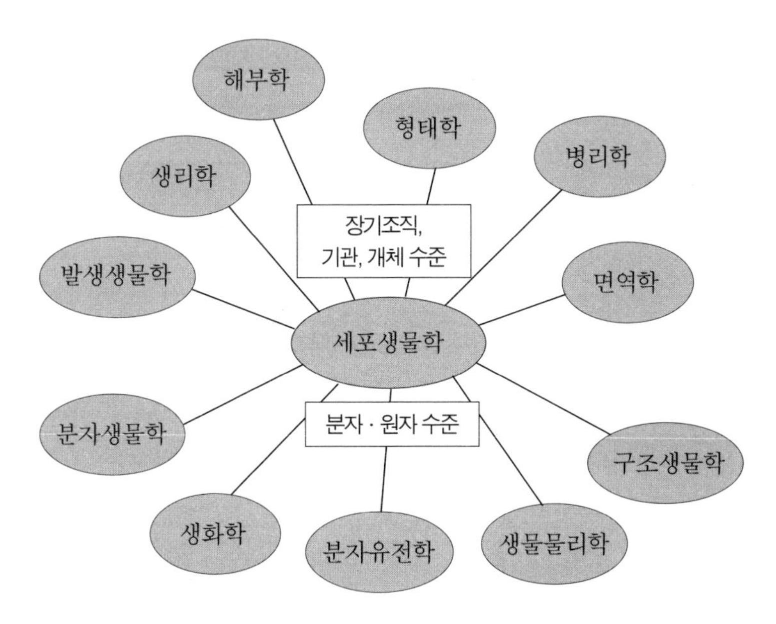

그림 1-3 세포생물학과 관련 영역

단백질군(蛋白質群)이다.

머리말에서 이야기했듯이 인간의 몸은 약 60조 개의 세포로 이루어져 있다. 이 60조 개의 세포는 눈세포, 피부세포 등 약 200종류로 나누어지며 그중에는 대단히 큰 것도 있다. 예를 들어 신경세포에는 세포 하나의 길이가 1미터나 되는 긴 것도 있으며, 척추 속을 관통해 뇌와 말초조직을 연결하고 있는 것도 있다. 그러나 대부분의 세포는 기껏해야 10마이크로미터에서 수십 마이크로미터 정도이다. 이런 다양한 세포의 안팎에서 일어나고 있는 일들을 분자 수준에서 이해하고 메커니즘을 파악하는 것이 세포생물학 또는 분자세포생물학이다.

그럼, 이번 장에서는 세포라는 소우주가 어떤 것인지 살펴보기로 하자.

세포의 조건

세포가 세포이기 위해서는 두 가지 조건이 필요하다. 하나는 막으로 둘러싸인 독립한 존재라는 것, 다른 하나는 자신의 정보를 토대로 자신의 복제품을 만들 수 있다는 것이다. '생명이란 무엇인가'라는 질문에 답하기는 대단히 어려우며 답도 여러 가지겠지만, 이것이 아마도 현재 말할 수 있는 것 중에서는 가장 정확한 생명의 정의일 것이다. 판단하기 어려운 것의 예로 바이러스 등이 있는데, 이것은 타자의 손을 빌리지 않으면 복제품을 만들 수 없으므로 생명이라 부를 수 없다는 연구자도 있다. 그러나 대장균 같은 박테리아가 되면 자력으로 증식할 수 있으므로 이것은 명백하게 생명이라고 말해도 된다.

박테리아의 증식 속도는 엄청나다. 예를 들어 대장균은 20분에 1회 분열하므로 하룻밤 배양하면 1개의 박테리아가 몇 백억 개로 증식한다. 그래서 감염증이 무서운 것인데, 이에 대해서는 뒤에서 다시 이야기하자.

개체	
기관	심장, 간, 신장 등, 뿌리, 줄기, 잎, 꽃 등
조직	결합조직, 상피조직, 신경조직 등
세포	혈액세포, 신경세포, 근육세포, 생식세포 등
세포소기관	미토콘드리아, 소포체, 골지체 등
분자	단백질, 핵산, 지질, ATP 등

표 1-1 생체의 계층구조

생체의 계층구조

동물이든 식물이든 생물의 개체는 각각 계층구조(hierarchy)를 갖고 있다(표 1-1). 생체 안에서 일어나는 일에 대한 메커니즘을 하나하나 풀어가려면 이 계층구조를 파악하는 것이 중요하다.

무엇을 '최소의 요소'로 생각하는지는 학문의 분야에 따라 다르지만, 세포생물학에서는 '분자'를 기본으로 생각하는 경우가 많다. 원자가 모여서 분자를 구성하는데 생명 활동의 주역들, 즉 단백질, 핵산, 지질, 당, ATP 등도 모두 분자이다.

지질이 이층으로 정렬하고 그 안에 단백질이 담겨서 세포막이라는 칸막이를 형성한다(136쪽 그림 4-2 참조). 그 안에는 유전정보의 보존 장소이자 정보 발신 장소인 핵이 있고 거기에 더해 미토콘드리아, 소포체, 골지체, 엽록체 따위 '세포소기관

(organelle)'이라고 불리는 세세한 장치들이 많이 들어 있다. 세포막으로 구획지어지고 핵과 세포소기관을 갖춘 것이 '세포'이다. 세포에는 혈액세포, 신경세포, 근육세포, 생식세포 등 200여 종류가 있다고 앞에서 말했다.

이 세포가 모인 것이 '조직'이다. 조직에도 결합조직, 상피조직, 신경조직 등 여러 종류가 있다. 신경조직 등은 아마도 상상하기 쉬울 것이다. 상피조직은 기관 등의 가장 바깥쪽을 감싸고 있는 세포이며, 위나 장 등의 표면을 형성하고 있는 세포나 피부세포 등을 포함한다.

조직의 상위 개념이 '기관'이다. 기관이란 이른바 오장육부(심장 · 간 · 비장 · 폐 · 신장, 그리고 대장 · 소장 · 쓸개 · 위 · 삼초 · 방광)로 일컬어지는 개념에 해당한다. 기관이 되면 하나하나가 뚜렷한 형태를 갖추고 각각 고유한 기능을 갖는다. 그리고 이들 기관이나 조직이 모여서 하나의 생체, 개체를 만들고 있다.

동물도, 식물도

이러한 생체의 존재 방식, 또는 세포의 기본적인 구성은 인간에 한정되지 않으며 동물, 곤충, 식물 등도 마찬가지다. '식물은 다르지 않은가' 하는 질문을 받기도 하는데 실제로는 기본적인 구조나 단백질을 만드는 시스템도 거의 똑같다. 물론 식물에도 생식세포가 있으며 꽃가루(화분)가 그것에 해당한다. 다른

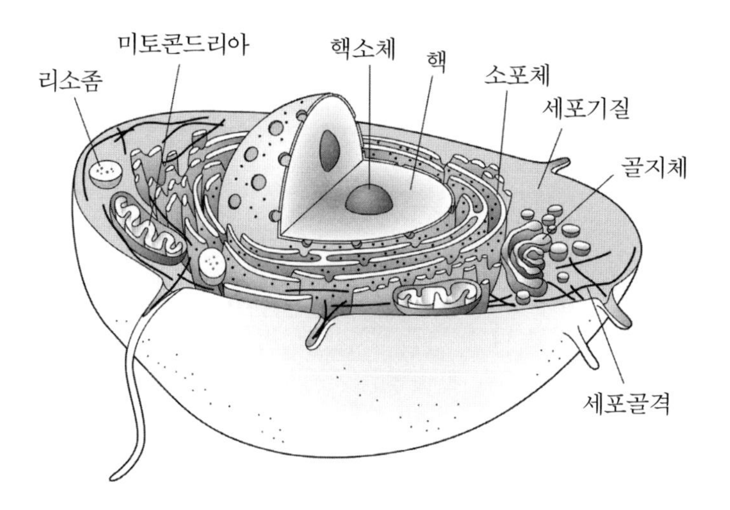

그림 1-4 세포의 구조

점이라면 식물의 경우는 세포의 가장 바깥쪽 막의 더 바깥쪽에 '세포벽'이라는 층이 있어서 개개의 세포가 딱딱하게 이루어져 있다는 것, 그리고 에너지를 만드는 세포소기관으로서 동물이 갖고 있는 미토콘드리아에 더해 '엽록체'를 갖고 있어서 빛에너지를 이용할 수 있다는 것을 꼽을 수 있다.

세포의 구조

(동물)세포의 구조를 간략하게 나타낸 이미지는 위의 그림 1-4와 같다. 각각의 기능에 대해 자세히 설명하자면 끝이 없으므로

여기서는 단백질 생성에 관련된 것을 중심으로 몇 가지만 들어 보자.

우선 눈에 띄는 구조체는 유전자가 들어 있는 '핵(세포핵)'이다. 세포는 핵과 그것 이외의 '세포질'로 나뉘며, 핵 이외의 것은 모두 세포질이라고 부른다(그림 1-5 참조).

핵은 세포의 구성요소로서는 가장 큰 것이며, 맨 바깥쪽의 '핵막'이라 불리는 막에는 '핵공'이라는 구멍이 뚫려 있다. 세포에서 만들어진 단백질에는 핵 안에서 작용하는 것과 밖에서 작용하는 것이 있는데, 그것들은 핵공을 통해서 드나든다. 작은 단백질은 이 구멍을 자유롭게 통과할 수 있지만 어느 정도 이상의 크기인 단백질은 자유롭게 통과할 수 없다. 사실, 핵으로 수송되는 단백질에는 그것 자체에 '핵으로 가세요'라는 명령이 새겨져 있으며, 또한 핵에서 세포질로 나가기 위한 '나가세요'라는 명령도 그 단백질 안에 새겨져 있다. 이들 명령서에 따라 핵의 안팎으로 수송이 이루어지고 있는데, 이것은 뒤에서 자세히 살펴보기로 한다.

핵의 가장 중요한 기능은 유전정보를 품은 DNA의 저장 장소로 작용하는 것인데, 세포가 분열할 때에는 DNA를 2배로 늘릴 필요가 있으며, 그런 이유로 DNA를 복제하는 곳이기도 하다. 또한 자외선 등의 이유로 DNA가 상처를 입었을 경우에는, 그대로 두면 암이 되는 등 장애가 일어나므로 상처를 복구하기 위한 기구가 있다. 상처의 복구는 핵에서 이루어진다.

또 하나의 대단히 중요한 기능으로 DNA 정보의 전사(轉寫) 기능이 있다. DNA를 그대로 갖고 있기만 하면 단백질은 합성할 수 없다. 핵이라는 정보의 거대한 보존 장치에서, 먼저 핵에서 꺼낼 수 있는 테이프에 정보를 베낀다. 이 테이프에 해당하는 것이 전령RNA(mRNA)라고 불리는 RNA이며, 이 작업을 전사라고 부른다. 비유하자면 마스터테이프로부터의 더빙이다. 자세한 이야기는 다음 장에서 하기로 한다.

단백질을 만드는 '소포체'

핵 이외의 세포질은 '세포소기관'과 그것 이외의 '세포기질'이라는 부분으로 나뉜다(그림 1-5).

이 가운데 단백질 생성에 가장 중요한 것은 세포기질과, 핵 주변에 그물 모양으로 존재하는 소포체이다. 세포 밖으로 분비되는 단백질이나 막에 국지적으로 존재하는 단백질은 소포체에서 만들어지고, 그 밖의 단백질은 세포기질에서 합성된다. 소포체에서는 단백질 합성이 아주 활발하게 이루어지고 있으므로 소포체 내부는 단백질 농도가 대단히 높다. 일반 세포에서는 그리 두드러지지 않지만, 예를 들어 아밀라아제 같은 소화 효소 등 여러 효소를 만들어서 분비하는 췌장에는 핵 주변뿐만 아니라 세포기질 일대에 소포체가 발달해 있다. 소포체 표면에는 리보솜이라는 단백질 제조 장치가 붙어 있어 리보솜에서 합성된

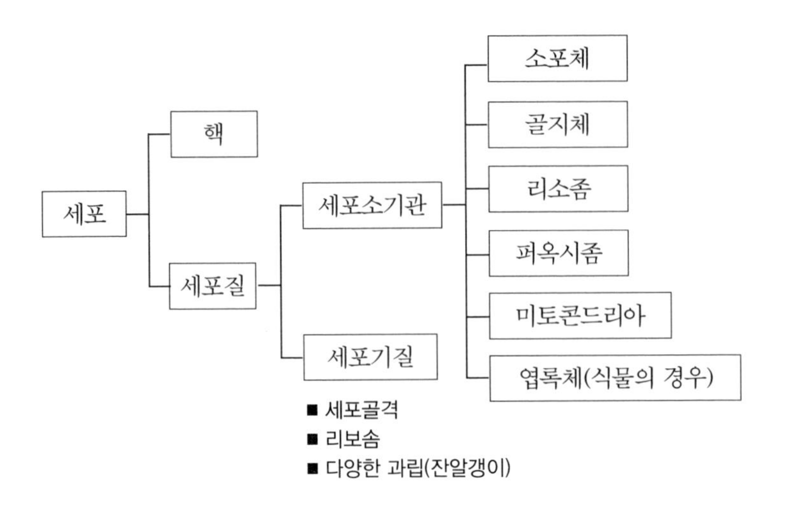

그림 1-5 세포 구조의 분류

단백질이 소포체 내부로 곧바로 수송된다. 소포체 안에서 한몫을 하는 어엿한 단백질로서의 구조를 획득하거나 변형된 단백질은 소포체에서 '골지체'로 수송되고, 다시 골지체에서 세포 밖으로 운반된다. 이것이 '중앙분비계'라고 부르는 단백질의 수송 경로다.

그 밖에 단백질을 분해하는 장소인 '리소좀'이나 독성 물질을 분해하기 위한 '퍼옥시좀(peroxisome)' 등도 세포소기관에 포함된다. 우리의 에너지원의 토대인 산소가 독성을 갖고 있다는 사실을 알고 있는가? 산소는 우리의 호흡에 필수 분자이지만, 한편으로 세포에게는 독이 되기도 한다. '노화의 커다란 적' 등으로 알려진 '활성산소'라는 말을 들어보았을 것이다. 활성산소

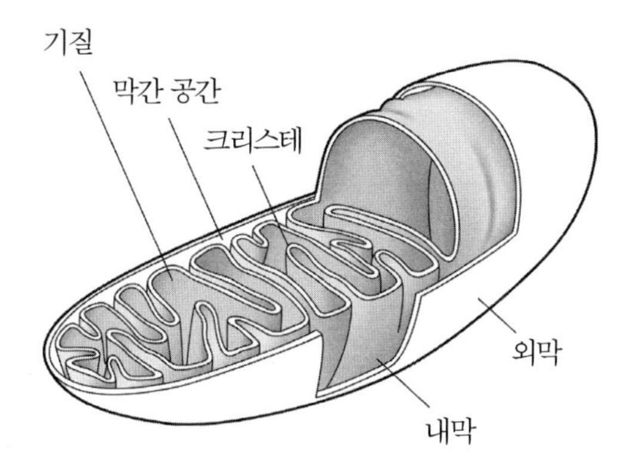

그림 1-6 미토콘드리아의 구조

는 강력한 반응성을 가진 산소 분자의 한 종류인데, 활성산소 등의 독성 물질은 퍼옥시좀에 있는 효소로 분해된다.

미토콘드리아

다음으로 세포소기관 중에서 가장 흥미로운 것 가운데 하나인 미토콘드리아를 알아보자. 미토콘드리아는 식물의 엽록체와 마찬가지로 에너지를 만드는 '발전소' 격이며, 세포의 '에너지 통화'라고 부를 만한 ATP를 합성한다. 위의 그림 1-6에서 보이듯이 미토콘드리아는 외막과 내막이라는 두 장의 막으로 덮여 있으며 내부는 크리스테(cristae)라고 불리는 방으로 구획지어져 있다.

미토콘드리아의 ‘미토’란 ‘실 같은’이라는 뜻이고 ‘콘드리아’의 단수형인 ‘콘드리온’은 ‘낟알[粒]’이라는 의미로, 얼핏 보면 실같은 모양이라 붙여진 이름이다. 우리는 에너지의 원천으로서 포도당 등의 당을 이용하는데, 당을 분해하여 그 분해 산물로부터 미토콘드리아에서 효율적으로 ATP가 생성된다.

청산가리는 맹독을 갖고 있어 추리소설 등에도 많이 등장하는데, 청산이 치토크롬 옥시다제(Chitochrome Oxidase)라는 미토콘드리아의 효소와 결합하여 그 기능을 저해함으로써 죽음에 이르는 중독 증상을 일으킨다. 이 치토크롬계 효소는 ATP를 생성하기 위한 효소이며 ATP 합성 저해에 의해 조직 호흡이 마비되어 죽음에 이르게 된다.

공생세균, 미토콘드리아가 되다

미토콘드리아가 흥미로운 이유는 그것이 세포 진화의 역사와 깊은 연관이 있기 때문이다. 미토콘드리아는 원래 몇 억 년 전에 우리 조상들의 세포에 침입하여 그대로 공생하게 된 박테리아로 여겨진다. 요컨대 기원을 더듬어 올라가면 우리와는 다른 생물이었다는 것이다.

미토콘드리아는 자기 자신의 유전자를 갖고 있고, 내부에서 독자적으로 단백질을 만들며 심지어 멋대로 분열한다. 형태 또한 그야말로 박테리아를 떠올리게 하며, 인간의 기원을 떠올리게 하는 대단히 흥미로운 세포소기관이다. 일본호러소설 대상을 받아 베스트셀러가 된 세나 히데아키의 『패러사이트 이브』(한국어판 제목은 『제3의 인간』이었다. ─ 옮긴이)는 '몇 억 년 전에 인류의 세포에 기생한 미토콘드리아'라는 존재에 착상한 작품이었다. 오랫동안 인간 세포의 말단 노릇을 하면서 자신의 정체성까지 위협받던 미토콘드리아가, 어느 순간에 숙주인 인간 세포에(소설에서는 인류에) 복수한다는 이야기였다. 영화화되기도 했다.

인간의 유전자는 아버지에서 유래하는 정자와 어머니에서 유래하는 난자가 하나로 합쳐져서 이루어져 있으므로 자식은 양쪽의 형질을 이어받는데, 양친의 DNA 재조합에 의해 DNA 배열에 일정하지 않은 변화가 생긴다. 한편으로, 같은 인간의 세포 안에 있지만 미토콘드리아는, 그 유전자를 어머니쪽에서만 이어받는 완전한 모계유전이다. 즉 남성이든 여성이든, 미토콘드리아는 어머니한테만 물려받는 것이다. 아버지의 미토콘드리아는 자식에게 전달되지 않는다. 그러므로 재조합은 거의 일어나지 않으며 거의 변함없는 형태로 계속 물려진다.

한편 미토콘드리아에는 DNA 복제에 동반되는 실수, 즉 변이를 수정하는 메커니즘이 없으므로 발생한 변이가 축적되기 쉽다. 변이는 시간에 대해 일정한 비율로 일어난다고 생각할 수 있으므로, 미토콘드리아의 유전자 변이를 더듬어 가면 어머니의 기원을 찾아낼 수 있다. 이 작업을 추진하여 인간의 기원을 탐색한 결과, 인류의 기원이 된 땅은 아프리카이며 20만 년쯤 전에 오늘날과 같은 여러 인종으로 분기된 것으로 추정되었다.[3] 미국 캘리포니아대학 버클리 캠퍼스의 R. 칸(R. Cann), A. 윌슨(A. Wilson) 팀의 연구로 1987년에 과학잡지 「네이처」에 발표되었다. 이 분기 지점에 있던 20만 년 전의 여성을 '미토콘드리아 이브'라고 부른다.

세포의 진화

그러면 구체적으로 세포가 어떻게 진화해왔는지 간단히 살펴보자.

최초의 세포는 DNA는 있지만 핵은 없는 '원핵세포'로, 어떤 종류의 원시적인 세균이었을 것이다. 이 원시세균은 지금은 볼 수 없지만 핵이 없는 상태로 오늘날까지 남아 있는 원핵세포로 고세균(古細菌, Archaea)과 진정세균(眞正細菌, Eubacteria)이 있다. 고세균은 온천이나 해저화산의 분화구처럼 통상적으로 생물이 생식할 수 없는 곳에 사는 박테리아의 일군이다. 온도가 95도 이상이나 되는 고온이나 산소가 전혀 없는 심해 등의 혹독한 조건에서 황 등을 이용하여 살아가고 있다. 진정세균이란 우

---

3) 감수자주 : 2017년에 1960년대 아프리카 모로코에서 발굴된 화석이 30만 년 전 현생인류라는 사실이 밝혀졌다. 자세한 내용은 『컴패니언 사이언스』 130쪽 '4만 년 전 네안데르탈인 화석, 알고 보니 30만 년 전 호모 사피엔스!' 참조.

리 주변에 있으며 흔히 박테리아 또는 세균이라 불리는 것으로, 대장균이 전형적이다. 이질균, 콜레라균, 결핵균 등의 병원미생물도 여기에 포함될 것이다. 이름 때문에 오해하기 쉬운데, 진화의 경로에서 보면 진정세균이 먼저 생겨나고 고세균이 나중에 생겨난 것으로 여겨지고 있다.

이들 원시세균에서 어떤 순간에 핵을 가진 '진핵세포'가 생겨났다. 세포막이란 비눗방울의 막처럼 아주 부드러워서 쉽게 잘록해지거나 두 개의 막이 융합할 수 있다. 그림 1-7의 아랫부분에 보이듯이 어떤 계기로 인해 잘록해지는 현상이 생기고 그 현상이 더욱 진행되어 최종적으로 융합함으로써 세포 안에 이중의 막에 감싸인 부분이 생겨난다. 이것이 핵이다. 핵이 없는 박테리아는 세포기질에 DNA가 존재하는데, 핵이 생겨난 진핵세포는 그것을 한곳에 모아서 저장함으로써 DNA의 분열과 복제를 쉬워지게 했다.

공생관계의 성립

이렇게 태어난 우리의 선조가 되는 원시진핵세포는 아마도 처음에는 지구에 산소가 없었으므로 산소를 잘 이용하는 시스템을 갖고 있지 않았다. 그런데 이윽고 남세균(cyanobacteria)이라는 세균류의 한 종류가 증가했으며 이것이 광합성 능력을 갖고 있었으므로 지구에 점차 산소가 증가했다. 현재 지구 대기의

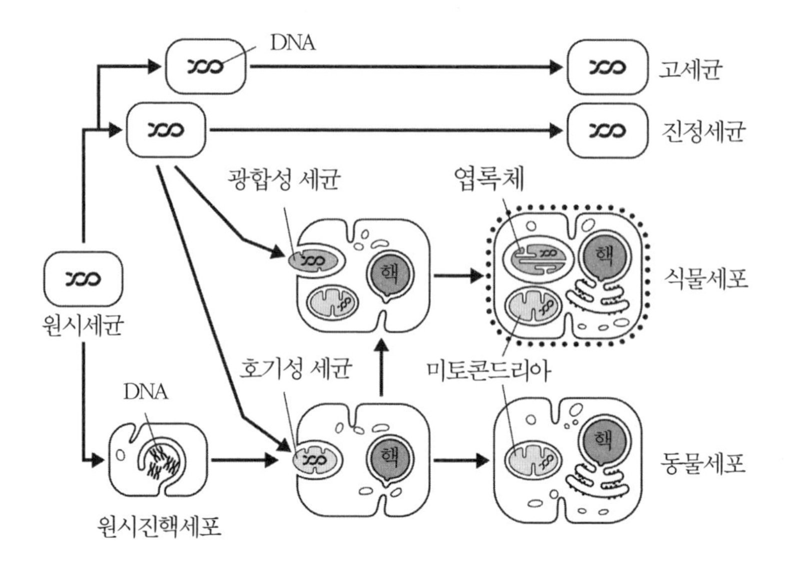

그림 1-7 세포 진화의 모델

약 20%가 산소다. 산소를 이용하면 몇 십 배나 효율이 좋게 에너지를 얻을 수 있으므로 이렇게 되면 호흡을 통해 산소를 이용할 수 있는 생물, 이른바 호기성(好氣性) 세균이 효율적으로 살아남는 것은 당연하다. 어느 순간, 이 호기성 세균이 우연히 원시세균에 감염 · 침입했다. 이 호기성 세균은 산소를 이용하여 에너지를 효율적으로 생성하므로 내부에 살게 해주면 세포에 있어서는 생존에 유리하다. 이리하여 이 박테리아와 공생이 시작되고 그것이 결국 세포소기관으로 남은 것이 미토콘드리아라고 여겨진다.

그것을 뒷받침하는 증거는 미토콘드리아의 이중막이다. 앞에서 미토콘드리아는 독자적인 DNA를 갖고 있으며 단백질 합성도 하고 있다고 말했는데, 외막과 내막에 존재하는 단백질을 비교하면 내막의 단백질에는 미토콘드리아 자신의 DNA 정보에서 만들어진 것이 있고, 외막의 단백질은 모두 숙주세포의 핵에 있는 DNA에 토대한 것이었다. 즉, 내막은 공생을 시작한 박테리아, 말하자면 미토콘드리아의 막이며, 외막은 침입해온 박테리아를 감싸듯이 하여 만들어진 숙주세포에서 유래한 막이었던 것이다(그림 1-6 참조). 이것은 공생을 뒷받침하는 증거로 여겨진다.

미토콘드리아도 독립생활을 하던 시대에는 분명히 몇 천 종류의 단백질을 합성했을 것이다. 그러나 공생을 시작함으로써 숙주가 만든 단백질을 약삭빠르게 이용하게 되자 숙주에 존재하는 유전자로 충분한 것들은 차츰 버렸을 것이다. 현재는 내막에 존재하는 열 몇 종류의 단백질을 만들어낼 뿐, 리보솜 등의 장치를 포함한 그 밖의 모든 것은 숙주에서 공급받고 있다. 즉, 숙주는 미토콘드리아의 생존에 필요한 단백질을 공급하고 미토콘드리아는 숙주에게 필요한 ATP라는 에너지를 공급하는 것이다. 훌륭한 공생관계이며, 미토콘드리아는 거의 '내 안의 타자(他者)'라고 말해도 좋을 것이다.

DNA란 무엇인가

적혈구와 혈소판 등을 예외로 하고, 다세포 진핵생물은 세포 안에 핵이 있고 그 안에 DNA가 담겨 있다. 그리고 모든 세포는 기본적으로 완전히 똑같은 DNA를 갖고 있다. DNA는 염색체라는 형태로 핵 안에 존재하는데(그림 1-8), 인간의 세포는 23개의 염색체를 반드시 쌍을 이루는 두 세트, 합계 46개를 갖고 있으며 이것을 2배체라고 한다. 1개의 난자와 1개의 정자는 반 사람 몫이며, 각각 1세트(23개)의 염색체밖에 갖고 있지 않으며, 수정을 해야 비로소 한 쌍의 염색체 세트를 갖춘 한 사람 몫의 세포가 된다. 모든 세포는 이 1개의 수정란이 세포 분열을 함으로써 증가되어가므로 하나의 개체 안의 모든 세포는 완전히 똑같은 유전정보를 갖고 있게 된다. 이 정보의 총체를 게놈(genome)이라고 한다.

반대로 말하면, 핵을 가진 세포라면 신체의 어떤 세포든 인간의 모든 세포를 만드는 능력을 숨기고 있다고도 말할 수 있다. 수정란으로는 ES세포(배아줄기세포)를 만들 수 있으며 ES세포로는 피부나 신경을 포함한 모든 종류의 세포를 만들어낼 수 있다. 복제양 돌리 같은 복제동물은 이것을 이용해서 만들어진 것이다.

최근에는 더욱 놀랍게도, 피부세포에 특정 유전자를 주입하여 다능성세포(多能性細胞)를 만들 수 있다는 보고가 나왔다.

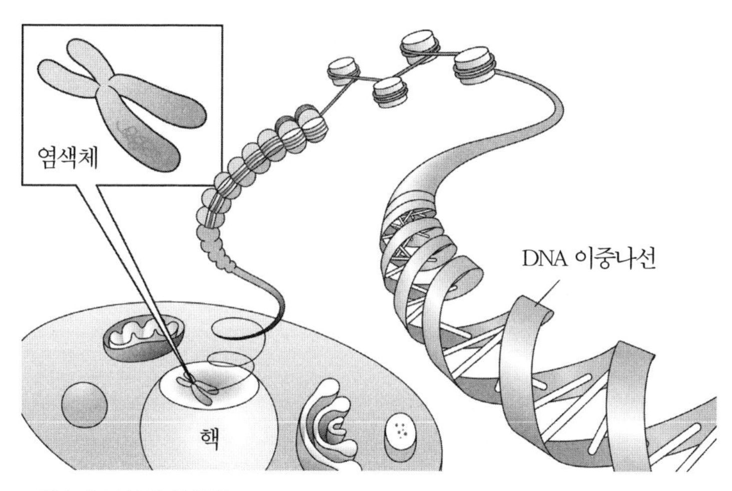

그림 1-8 DNA와 염색체

2006년에 교토대학 재생의과학연구소의 야마나카 신야 소장은 생쥐의 피부세포에 4개의 유전자(다른 단백질의 발현을 명령하는 전사 인자를 지정하는 유전자이다)를 도입하여 어떤 세포로든 분화할 수 있는 만능세포(유도다능성줄기세포, iPS세포)를 만들어내어 세계를 놀라게 했다. 이 발견을 계기로 재생의학 연구가 세계적으로도 실현 가능한 기술로서 폭발적인 전개를 보이고 있다. 앞으로는 환자의 피부세포 등에서 iPS세포를 만들어내서 환자의 질병 조직이나 장기를 대체하는 등의 꿈같은 치료법이 확립되어갈 것이다. 재생의학은 새로운 국면을 맞이하여 세계적으로 치열한 경쟁 시대에 돌입했다. 야마나카 소장의 연구실은 내 연구실 옆에 있어서 지난 몇 년 동안, 수십 년에 한 번 있을까 말까 한 세기의 발견을 가까이에서 실시간으로 볼 수 있었던 것은 개인적으로 커다란 기쁨이기도 했다.

DNA의 정보량

DNA는 단백질 정보를 기록한 테이프이다. 그 안에 어느 정도의 정보가 축적되어 있는지를 문자라는 개념에 비유하면, 인간은 30억 문자에 상당한다.

유전정보를 문자에 비유했는데, 실제로는 이 정보는 DNA를 구성하고 있는 염기라는 물질의 배열로 결정된다. DNA의 구조와 염기에 대해서는 뒤에서 이야기하겠지만, '생물의 문자'로서 배열을 결정하는 염기는 딱 네 종류이다. 불과 4개의 문자로 모든 정보를 암호화하고 있는 것이다. 컴퓨터 언어가 0과 1이라는 두 종류의 문자로 이루어져 있으며, 모든 프로그램 정보도 이 두 종류의 문자에 의해 쓰여 있음은 잘 알려져 있는데, 생물의 경우는 이것이 네 종류인 셈이다. 이 염기 배열에는 개인차가 거의 없으며 누구나 99.9% 정도는 같다. 1,000개에 1개 정도밖에 다르지 않은 것이다. 아니, 1,000개에 1개나 다르다고 해야 할까.

거기서, 인간이 공통적으로 갖고 있는 '정보'를 모두 해독하자고 시작한 것이 '인간 게놈 프로젝트'이다. 일본과 미국과 유럽의 연구소가 팀을 이루어 인간 염색체의 모든 DNA를 한 문자씩 해독했다. 다행히 이 프로젝트는 성공하여 2001년 2월에 개요가 발표되었다.

여담이지만, 이 해독을 할 때 치열한 경쟁이 벌어졌다. 일본, 미국, 유럽이 협력한 국제 프로젝트가 시작되었는데 여기에 셀레라 제노믹스(Celera Genomics)라는 벤처기업 하나가 도전장을 던진 것이다. 물론 벤처기업 하나라고 해도 시퀀서(sequencer)라 불리는 최신 DNA 해독기를 갖춘 거대기업이었지만, 과연 어느 쪽이 먼저 해독할 것인지 전 세계의 주목을 받는 뜨거운 경쟁이 되었다. 이 게놈 정보가 의약품 제조 등에서 대단히 중요해질 것임을 꿰뚫어보고 해독된 정보가 특허를 인정받는다면 엄청난 비즈니스 자원이 될 수 있으리라 생각했기 때문이다. 결국 최종적으로 해독을 마친 것은 거의 동시였다. 한쪽은 「네이처」, 다른 한쪽은 「사이언스」에 같은 해(2001년), 같은 주에 결과가 공표되었던 것이다.

모든 것은 단백질을 위해서

DNA에 염기 배열로 축적되어 있는 정보에는 단백질의 아미노산 배열을 지정하는 정보, 단백질을 만들기 위해 작용하는 몇 종류의 RNA를 위한 정보, 그리고 많은 저분자 RNA를 위한 정보 등이 포함된다. 더욱 흥미로운 것은 생명 활동에 유용한 정보를 제공하고 있는 DNA 영역은 전체 게놈의 극히 일부라는 점이다. 그 밖의 약 97%의 염기 배열은 단백질을 만들기 위한 정보가 아니다. 이들은 얼핏 보기에는 쓸모없는 DNA라서 '정크 DNA'라고 불리기도 하는데, 대부분 진화 과정에서 중복이 일어나거나 일부가 결여되어 제 구실을 하지 못한 것이 아닐까 여겨지고 있다. '진화'라는 말을 들으면 우리는 뭔가 합목적적이고 고도의 변화를 상상하기 쉬운데 사실 진화는 이처럼 쓸모없는 것들을 많이 생성하는 과정이기도 하다. 물론 정말로 정크인지 아닌지 앞으로 연구가 더 필요한 부분도 많다. 실제로 전체 게놈의 70% 가량은 생존에 필요한 많은 종류의 RNA를 만들고 있을지도 모른다는 연구도 발표되어 있다.

전체 게놈의 2% 가량의 정보가 우리의 생존에 필요한 단백질 합성을 명령하는 정보다. 생물은 당이나 지질 등 여러 가지 고분자 물질을 만들어내는데, 그것들의 분자를 만들기 위한 정보는 DNA에는 쓰여 있지 않다. DNA가 갖고 있는 것은 당이나 지질 등을 만들기 위해 작용하는 단백질(대부분은 효소) 정보, 그들 단백질의 아미노산 배열을 지정하는 정보뿐인 것이다.

인간 게놈 프로젝트를 통해, 30억 문자로 쓰여 있는 정보에서 만들어지는 단백질은 약 2~3만 종류로 추정되었다. 실제로는, DNA상의 염기 배열만으로 단백질 수가 정해지는 것은 아니고, RNA를 편집해서 하나의 정보에서 몇 개의 단백질을 만들어내는 정교한 트릭을 이용하여 훨씬 많은 단백질을 만들고 있다. 현재까지도 인간의 단백질 수는 정확하게 알려져 있지 않지만, 5~7만 종류일 것으로 추정되고 있다.

생물종	게놈 사이즈(염기의 수)	유전자 수
인간	3.0×10^9	22000
초파리	1.8×10^8	12000
선충	9.7×10^7	14000
발아효모	1.2×10^7	6000
대장균	4.6×10^6	4300
애기장대	1.3×10^8	26000
벼	3.9×10^8	32000

표 1-2 생물의 게놈 사이즈와 유전자 수

이 수는 많은 것일까, 적은 것일까? 표 1-2는 지금까지 밝혀진 대표적인 생물의 게놈에 대해, 그 염기의 수(문자 수)와 그것에서 만들어진다고 생각되는 유전자 수를 제시한 것이다. 이 유전자 수가 읽어낼 수 있는 단백질의 종류에 거의 해당한다고 생각해도 된다. 대장균에는 염기쌍의 수(게놈 사이즈라고 부른다)가 460만 염기쌍(쌍이라고 부르는 것은, DNA상에서 4개의 염기는 반드시 쌍을 이루는 존재이기 때문이다. 다음 장에서 자세히 이야기한다)이며, 거기서 읽을 수 있는 단백질은 약 4,300종류다.

생명과학 분야의 실험에서 자주 이용되는 '모델 생물'이라는 것이 있는데 대장균을 비롯해 효모, 초파리, 선충, 그리고 식물인 애기장대(십자화과의 두해살이풀 - 옮긴이) 등이 있다. 그 각각의 게놈 사이즈와 유전자의 수를 보면 약간 놀랄 것이다. 그 차이가 생각보다 훨씬 소소하기 때문이다. 초파리의 게놈 사이즈는 1.8억 염기쌍이며 유전자 수는 1만 2,000개. 인간의 절반 정도이다. 그 밖에 유전자 수를 비교해보면 길이 1밀리미터 정도의 선충이 약 1만 4,000개. 효모조차 약 6,000개의 유전자를 암호화하고 있다. 식물인 애기장대는 유전자 수가 2만 6,000개로 인간과 별로 다르지 않다. 인간이나 파리나 애기장대나 갖고 있는 유전자 수는 크게 다르지 않다는 말을 들으면 여러분은 실망할 것인가?

이것은 생명을 유지하는 데에 필수인 단백질이 많이 있으며 생명 활동 자체는 초파리나 식물이나 효모나 별로 다를 바가 없다는 뜻이다. 심지어 같은 포유류가 되면 더욱 가까워서, 원숭이와 인간 사이에는 단백질 종류뿐만 아니라 개개 단백질의 아미노산 배열, 즉 성질도 거의 다르지 않다.

이 DNA에서 어떻게 단백질이 만들어질까? 다음 장에서는 그 복잡하고 정교한 시스템을 살펴보자.

제2장. 탄생

_ 유전암호를 해독하다

이중나선 모델의 충격

생명과학에서 다윈의 진화론, 아인슈타인의 특수상대성이론에 버금갈 만한 중요한 발견으로는 DNA 이중나선 구조의 발견을 빼놓을 수 없을 것이다. 제임스 왓슨(James Watson)과 프랜시스 크릭(Francis Crick)은 1953년에 이중나선을 묘사하는 DNA의 대단히 아름다운 모델을 발표했다(그림 2-1). 「네이처」에 불과 2쪽짜리 논문으로 실린 이 발견으로 두 사람은 1962년 노벨생리의학상을 받았다. 논문 발표 당시 왓슨은 박사 학위를 갓 딴 20대 젊은이였다.

20세기 최대의 발견으로 일컬어지는 이중나선의 발견 이야기는 왓슨의 저서 『이중나선』에 상세히 쓰여 있는데 그 발견이 이루어지기까지의 분자생물학 초창기의 상황은 물론, 젊고 야심만만한 연구자들이 치열한 경쟁 속에서 정체성을 확립하기 위해 어떻게 실력을 갈고 닦았는지 등등, 동서고금을 막론하고 변치 않는 연구 환경에 대한 의미심장한 이야기도 들어 있는 명저이다.

왓슨은 2008년 현재 콜드스프링하버연구소(Cold Spring Harbor Laboratory)에 명예소장으로 재직하고 있는데, 이 세계적으로 유명한 연구소에서는 해마다 많은 심포지엄이 열린다. 그 심포지엄의 마지막에는 강당에서 작은 음악회가 개최되는데, 마을 사람들과 더불어 왓슨 박사가 맨 앞줄에 앉아 음악에 귀를 기울이고 있는 모습을 지금도 볼 수 있다.

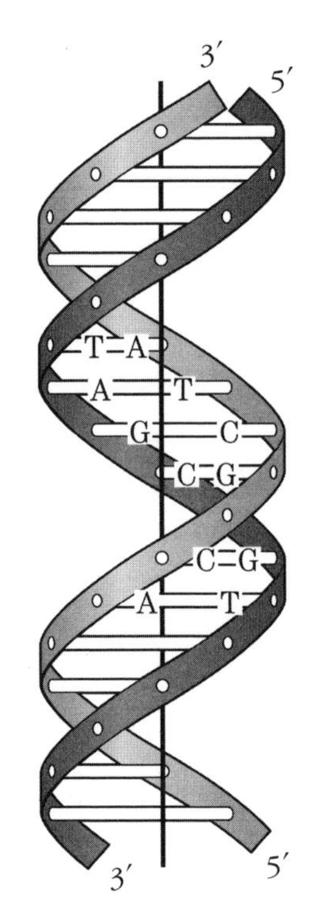

그림 2-1 DNA 이중나선 모델

이 발견은 무엇이 그토록 대단했을까? 먼저, 멘델 법칙으로 유명해진 '유전'이라는 개념을 분자 수준에서 멋지게 증명했다는 점이었다. 멘델은 유전형질이라는 개념을 도입해서 부모에서 자식으로 형질이 전달되는 '유전 법칙'을 끌어냈는데 형질이 유전한다는 것을 실체로 제시한 것이 왓슨과 크릭의 DNA 이중나선 모델의 발견이었다.

더욱 중요한 것은 모든 단백질은 이 유전자 정보를 토대로 만들어진다는 것이 밝혀졌다는 점이다. '유전자 DNA에서 단백질로'라는 일련의 과정이 밝혀짐에 따라 유전자 조작을 통해 단백질 조작도 가능하게 되었다, 즉 다양한 단백질을 만들어낼 수 있게 되었다. 단백질공학이나 분자생물학은 이 발견으로 인해

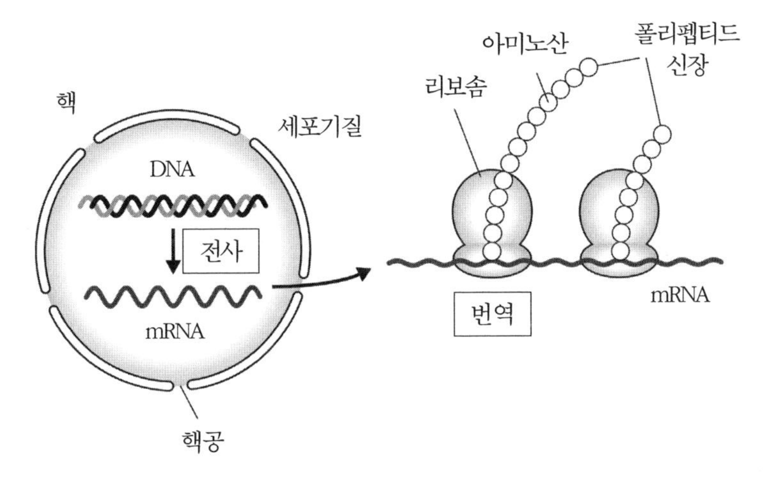

그림 2-2 단백질 생합성(生合成) 프로세스

그야말로 번성하게 되었다고 말할 수 있다. 현대의 생명과학이라 일컬어지는 분야의 모든 것의 시작이었다고 말해도 지나치지 않다. 생명의 발생과 유지 등이 모두 이중나선 구조에 기반을 두고 있음이 명백해진 것이다.

DNA의 암호로부터

모든 단백질은 DNA가 가진 유전정보를 토대로 만들어진다. 그 과정은 몇 단계에 걸친 복잡하고 정교하게 만들어진 시스템인데 크게 나누면 2개의 프로세스가 있다(그림 2-2).

하나는 DNA가 가진 정보를 운반자인 mRNA(전령RNA)에 베끼는 작업이다. 이것은 마스터테이프에서 다른 카세트테이프로 더빙하는 것과 같은 것으로 '전사(轉寫)'라고 부른다. 다른 하나는 mRNA 상에 늘어서 있는 정보를 읽고, 그 정보에 따라 아미노산을 하나하나 늘어세워가는 '번역'이라 부르는 프로세스이다. DNA 정보는 딱 네 종류의 염기가 암호처럼 다양하게 늘어세워짐으로써 이루어져 있는데, 이 염기의 배열은 모두 단백질의 원료가 되는 아미노산이 늘어서는 방식을 규정하는 암호가 되어 있으며, 그것을 해독하는 것이 '번역'이라는 프로세스다.

이런 '번역' 과정을 거쳐서 아미노산이 한 줄로 늘어서고 서로 이어져서 폴리펩티드라고 불리는 사슬 모양의 것이 된다. 폴리펩티드 자체는 한 줄의 끈 같은 것으로 아무런 기능이 없으며, '접힘(folding)'이라 불리는 과정을 거쳐 3차원 구조를 가져야만 비로소 기능을 가진 단백질이 형성된다.

센트럴 도그마

이 과정에서 중요한 것은 유전정보가 DNA에서 RNA로, 그리고 RNA에서 폴리펩티드로, 이렇게 한쪽 방향으로만 흐른다는 사실이다. 이것을 '센트럴 도그마(central dogma)'라고 한다(그림 2-3). DNA에는 4개의 염기, 즉 4개의 문자로 쓰인 정보가 담겨 있으며 그것을 복사(전사)한 mRNA에도 그 정보가 고스란히

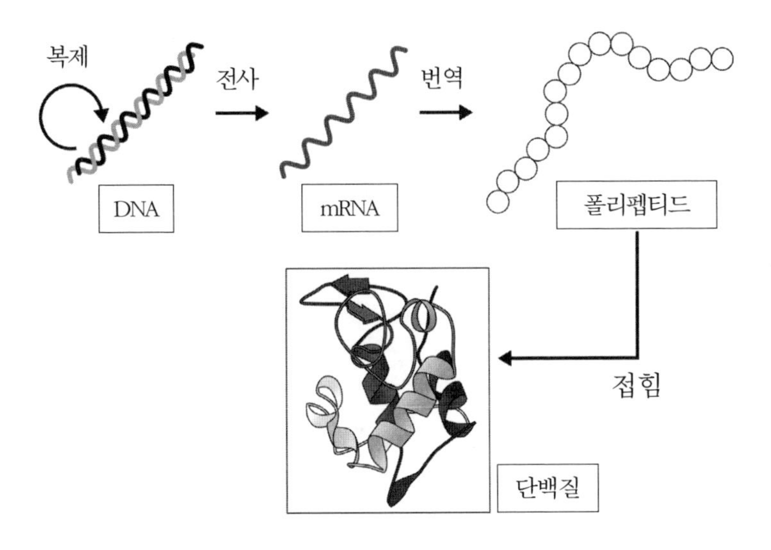

그림 2-3 센트럴 도그마

옮겨진다. 그 정보에 따라 아미노산을 한 줄로 세운 것이 폴리펩티드이고, 그것을 접은 것이 단백질이다.

단백질에도 아미노산의 일정한 배열이라는 정보는 확실하게 유지되고 있다. 그러나 단백질에서 정보를 읽어내서 유전자인 DNA를 만들어낼 수 있느냐 하면, 세포 안에서는 그런 일은 결코 일어나지 않는다. DNA의 염기 배열이 단백질의 아미노산 배열을 지정할 수 있다면 그 암호를 반대로 더듬어 단백질의 아미노산 배열을 읽어내서 DNA의 염기 배열로 정보를 전달하는 것도 가능할 것 같은 생각이 들지만, 현재의 생물에서는 생성된 단백질 정보를 거꾸로 거슬러 올라가서 RNA나 DNA를 만드는 일은 절대로 없다. 이것이 센트럴 도그마이다.

물론 이 도그마(가설)에도 예외는 있다. 단백질에서 출발할 수는 없지만 특정 암 바이러스나 에이즈 바이러스 등 어떤 종류의 RNA 바이러스는 유전자 정보가 RNA에 축적되어 있다. 그런 바이러스는 자신이 갖고 있는 유전정보를 일단 DNA로 옮긴 다음, 그 DNA에서 다시 한 번 RNA로 전사하여 단백질을 만든다는, 얼핏 보기에 번거로운 구조를 갖고 있다. RNA 정보가 센트럴 도그마의 흐름을 거슬러서 DNA로 고쳐 쓰인다는 의미에서 보면 이것은 센트럴 도그마의 파탄인데, 이런 일부 예외를 제외하고 센트럴 도그마는 정보의 흐름을 규정하는 중요한 발견이었다.

뛰어난 정보 보존 시스템

DNA는 아데닌(A), 구아닌(G), 시토신(C), 티민(T)이라는 네 종류의 요소(염기)를 포함하는 뉴클레오티드라는 물질이 단위가 되고 그것들이 연결된 구조를 갖고 있다. 이 염기들은 반드시 쌍을 이루고 염기가 서로 마주보는 형태로 DNA의 두 줄의 사슬이 이중나선을 형성한다(그림 2-1 참조).

중요한 것은 마주보고 있는 염기의 조합이 1 대 1로 정해져 있다는 것이다. 아데닌은 티민, 구아닌은 시토신하고만 쌍을 이룬다. 가능한 조합은 이것뿐이며 구아닌이 티민, 아데닌이 시토신과 쌍을 이루는 일은 결코 없다. 요컨대 한쪽 사슬에서 하나의 염기가 정해지면 다른 한쪽 사슬에서 그것과 짝이 되는 염기는 자동적으로 정해지며 결과적으로 2개의 사슬은 같은 정보를 반대 방향으로 축적하게 된다. 이처럼 염기 배열이 정확히 정반대, 상보적(相補的)이 되어 있는 두 줄의 DNA 사슬을 상보사슬(complemental strand)이라고 한다. 왜 이중나선을 만들어야 할까? 그것은 정보를 이중으로 유지하겠다는 전략이기도 하다. 한쪽 정보 장치에 어떤 이상이 생기더라도 다른 한쪽 정보를 참조하면서 올바른 정보로 수선하여 부모에서 자식으로 정확하게 정보를 물려줄 수 있기 때문이다.

우리는 일상적으로 자외선이나 방사선 등 다양한 스트레스를 받고 있다. 그럼으로써 가장 변이를 일으키기 쉬운 것이 DNA이며, 실제로 DNA 변이는 빈번히 일어난다. 예를 들어 자외선을 받아서 시토신과 쌍을 이루고 있던 구아닌이 아데닌으로 변해버렸다고 하자. 이때 만약 사슬이 한 줄이라면 어떤 변이가 발생했다는 것을 알아차린다 해도 어디에 변이가 일어났는지 알 수 없어 수선을 할 수 없다. 그러나 사슬이 두 줄이면 대응하는 사슬을 참조하면서 변이가 일어난 염기를 우선 제거함으로써 거기에 와야 할 올바른 염기를 삽입할 수 있다(DNA의 제거수선이라고 한다).

시토신의 상보사슬 위치에 시토신이 있다면 변이가 일어난 염기는 구아닌이다. 세포 안에서는 이런 DNA의 변이를 자동적으로 제거 · 수선하는 메커니즘이 언제나 작동하고 있다.

색소성건피증이라는 병이 있다. 이 병을 앓는 환자는 DNA에 생긴 변이를 수선하는 효소가 유전적으로 결여되어 자외선 등으로 일어난 변이를 수선할 수 없으므로 볕에 그을기만 해도 피부에 심각한 손상이 일어난다. 홍반이나 물집이 생기고 화상을 입은 것처럼 되며 심지어 피부암이 되기 쉽다.

DNA의 복제

물론, DNA가 이중나선 구조를 갖고 있는 것은 수선을 위해서만은 아니다. 가장 중요한 의미는 이 이중나선 구조를 이용하여 자신을 복제할 수 있다는 것이다.

세포가 분열할 때는 인간이든 박테리아든 완전히 똑같이, 같은 정보를 가진 DNA의 복제가 만들어진다. 그러기 위해 먼저 이중나선이 풀어져서 사슬이 둘로 나뉜다. 한 줄의 사슬을 거푸집으로 삼고, 거푸집의 염기 배열에 따라 구아닌은 시토신, 아데닌은 티민이라는 식으로 각각의 염기와 쌍을 이루는 염기가 차례차례 이어짐으로써 원래 쌍을 이루고 있던 것과 완전히 똑같은 상보적인 DNA의 이중나선을 만들 수 있다. 이와 같은 DNA 복제를 통해 핵 안의 유전정보를 딸세포(생물학에서 자손 세포는 웬일인지 '아들'이 아니라 '딸'이다)로 실수 없이 전달해가는 것이다.

DNA의 실을 감다

복제 과정은 대단히 복잡한 몇 단계로 이루어져 있는데, 우선 염색체로서 접혀 있는 유전자를 이중나선으로까지 풀어내는 것 자체가 엄청난 작업이다. 왜냐하면 1밀리미터의 100분의 1 밖에 되지 않는 세포 안, 그 안의 더욱 작은 핵 안에 전체 길이 약 1.8미터인 DNA가 보관되어 있기 때문이다. 꾸깃꾸깃하게 담았다가는 모두 담기지 않는 것은 물론, 끄집어내려 해도 뒤엉켜서 잘 풀어지지도 않을 것이다. 그렇게 되지 않도록 그야말로 훌륭한 구조가 고안되어 있다. 그것이 단백질을 이용한 실패 구조이다(그림 2-4).

DNA 이중나선의 폭은 약 2나노미터라고 한다(1나노미터는 1밀리미터의 100만 분의 1). 이 이중나선의 가느다란 실을 제1단계로 히스톤(histone)이라는 원기둥 모양의 단백질에 일단 세 번 정도 휘감고, 다음으로 다른 히스톤에 세 번, 또 그다음에 세 번……, 이런 식으로 휘감아간다. 이 히스톤과 DNA의 복합체를 '크로마틴(chromatin)'이라고 한다. 다음으로 이 크로마틴이 다시 나선 모양으로 빙글빙글 규칙적으로 접혀서 '크로마틴 섬유'라는 상태가 된다. 이것으로 길이가 많이 줄어들지만 그래도 다 담기지는 않으며, 골격이 되는 단백질에 다시 한 번 휘감겨 염색체의 토대인 상태가 되고, 그것을 다시 감음으로써 응축되어 마침내 염색체로서 핵 안에 담긴다(51쪽 그림 1-8도 참조). 이

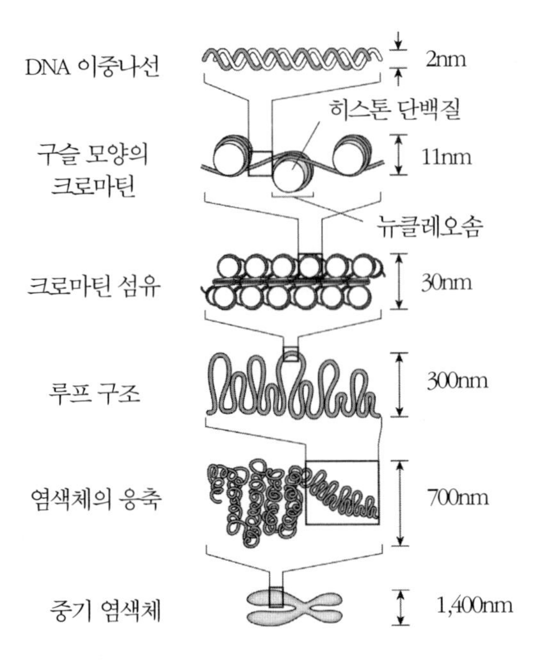

그림 2-4 크로마틴에 의한 응축

것의 폭은 원래 이중나선의 700배인 1,400나노미터 정도가 된다. 분열기의 세포를 부수어 염색을 하면 현미경 아래서 염색체를 볼 수 있는데, 그때 보이는 것은 이처럼 DNA 사슬이 몇 겹으로 휘감기고 접힌 것이다.

정보를 해독할 때는 이 경로를 반대 방향으로 더듬어서 실패가 풀려간다. 복제되면 곧바로 복제가 끝난 곳부터 풀어내서 엉키지 않는 구조가 갖춰져 있는 것으로 추측된다. 이리하여 세포분열을 할 때는 모든 DNA가 복제되어 2개의 똑같은 염색체가 완성된다. 인간은 이 염색체가 23쌍[22쌍의 상염색체(常染色體)와 한 쌍의 성염색체]이다. 이들 46개 모두가 DNA 복제가 일어나서 각각 2배가 된 염색체가 딸세포로 전달되는 것이다. 우리의 신체 안에서 세포 분열이 일어날 때마다 이런 과정이 똑같이 되풀이된다. 가만히 귀를 기울여보면 DNA의 실패가 빙글빙글 돌아가는 소리가 들려오는 것 같지 않은가?

이렇게 DNA가 자신의 정보를 보존하고 재생산하는 기능을 '자기복제능력'이라고 한다. 이런 보존 기능 덕분에 부모의 형질이 자식에게 전달될 수 있다.

RNA의 작용

RNA 역시 DNA와 마찬가지로 네 종류의 염기가 한 줄로 늘어섬으로써 구성되어 정보 전달을 담당한다. RNA를 구성하는 염기는 DNA와 같은 아데닌, 구아닌, 시토신, 그리고 또 한 종류는 DNA의 티민 대신에 우라실(U)이라 불리는데, 이 우라실은 아데닌과 짝을 이루므로 염기끼리 짝을 이루어 자기복제를 하는 것은 DNA와 똑같다. 단 한 가지 커다란 차이는 RNA가 이중사슬이 아니라 한 줄의 사슬이라는 것이다.

진화 전 단계에서 DNA가 발달하기 이전에는 아마도 RNA가 유전정보를 담당하고 있었을 것이다. 현재도 에이즈 바이러스나 인간이나 조류 인플루엔자 바이러스 등은 RNA를 유전정보의 기억장치로 삼고 있는데, 그 특징은 유전정보에 변이가 빈번히 일어나고, 그것을 토대로 만들어지는 단백질 역시 계속 변한다는 점이다. 한 줄의 사슬로 되어 있는 RNA는 하나의 염기에 변이가 생기면 참조할 상보사슬이 없으므로 더 이상 그것을 수선할 수 없어 완전히 다른 유전자가 되어버리기 때문이다.

에이즈 바이러스나 인플루엔자 바이러스가 골치 아픈 것은 바로 그 점이다. 에이즈라는 병은 갑자기 나타난 것처럼 보이지만 아마도 에이즈 바이러스 자체는 옛날부터 있었으며 유전자 변이에 의해 어떤 시기에 갑자기 병원성을 지닌 에이즈 바이러스가 생겨났을 것이다. 그리고 이 에이즈 바이러스가 만들어내는 단백질은 금방 변해버리므로 치료를 위한 항체를 개발해도 바로 효과가 없어진다.

바이러스에서 기원하는 병은 아직까지는 결정적인 치료법이 없는데, 특히 에이즈나 인플루엔자 같은 질환의 치료나 완치가 어려운 것은 RNA를 유전정보의 기억장치로 삼고 있는 구조 탓이라고 말할 수 있을지도 모르겠다.

즉, 정보의 보존장치로서 RNA는 대단히 불충분했다. 그래서 한 줄을 거푸집으로 삼아 다른 한 줄을 수선한다는 '보존'에 최적인 메커니즘을 갖춘 DNA가 유전정보의 보존 축적에 특화된 것으로서 발달했다고 여겨진다.

RNA 세계

센트럴 도그마 이야기에서 살펴보았듯이, 아주 단순하게 말하면 우리들 인간의 생명 유지의 근간에는 3개의 요소가 등장한다. 첫째는 정보를 보존하는 〈DNA〉, 둘째는 그 정보를 전사하여 전달 · 번역에 작용하는 〈RNA〉, 셋째는 그 정보를 토대로 생성되고 구조를 가짐으로써 '기능'을 다하는, 말하자면 '촉매 능력'을 가진 〈단백질〉이다.

DNA 정보를 기반으로 세 요소가 역할을 분담하고 있는 현재의 생물 세계를 'DNA 세계'라고 부르기도 한다. 이 세계에서는 DNA와 단백질의 역할이 겹치지 않는다. 이중나선 구조를 가진 DNA는 정보를 단순히 보존할 뿐, 촉매 능력을 발휘하지 않는다. 반면에 단백질은 자기복제 능력이 없으며, 그러므로 유전정보를 복원할 수 없다.

그런데 RNA는 쌍을 이루는 염기를 갖고 있지 않은 한 줄의 사슬이므로 길어지면 접힌 곳이 구부러져서 멀리 떨어진 RNA 일부분의 염기와, DNA 이중나선 같은 쌍을 만들어 안정화하여, 미숙하지만 구조를 만드는 경우가 있다. 구조를 갖는다는 것은 분자 표면에 요철이 생긴다는 것이다. 그들 분자 표면의 요철에 의해 다른 분자와의 상호작용이 가능해지면, 그것은 그 분자가 기능을 가질 수 있음을 시사한다. 이런 구조에 의해 RNA는 자기복제 능력뿐만 아니라 기능을 가질 수 있다.

이것에서, 아마도 원시시대에는 RNA가 '정보의 보존'과 '기능'이라는 두 가지 일을 모두 담당했다고 생각되고 있다. 그런 시대를 가상적으로 'RNA 세계'라고 부른다.

그러나 RNA에는 결점이 있다. 그것은 정보 보존의 관점에서 보면 변이가 수선되지 않고 다음 세대로 전달되어버리는 결점이 있으며, 기능이라는 면에서는 RNA가 만들 수 있는 구조가 단백질이 만들 수 있는 구조에 비해 대단히 미숙하고 극히 제한된 기능밖에 가질 수 없다는 것이다. RNA만으로 정보의 보존과 기능을 담당하면 불완전한 생명 활동밖에 할 수 없음은 쉽게 상상할 수 있다. 그래서 RNA가 갖고 있던 정보 보존 역할을 보다 신뢰성이 높은 DNA가 담당하게 되고, 촉매 능력은 보다 기능적인 단백질에게 담당하게 하는 역할 분담이 진화된 것으로 여겨진다.

사실 지금도 우리의 세포에는 촉매 능력을 가진 RNA가 존재한다. 뒤에서 이야기하겠지만 단백질 합성에는 '메신저RNA(전령RNA, mRNA)', '트랜스퍼RNA(운반RNA, tRNA)', '리보솜RNA(rRNA)'라는 세 종류 RNA가 필요하다고 하는데, 이 리보솜RNA는 촉매 능력을 갖고 있어서 RNA 세계의 흔적을 오늘날까지 간직하고 있다. 그밖에 리보자임(ribozyme, 리보 핵산)이라는, 효소에 버금가는 기능을 가진 RNA의 존재도 밝혀졌으며 이것들은 모두 예전에 RNA 세계가 존재했음을 뒷받침한다.

전사 프로세스

DNA를 거푸집 삼아 RNA에 베끼는 프로세스가 '전사(轉寫)'이다. 먼저 DNA 이중나선이 뉴클레오솜의 실패 구조(그림 2-4 참조)에서 풀려서 G-C, A-T라는 염기 쌍이 일단 분리되어 두 줄의 사슬이 된다. 그중 하나의 사슬에 이 염기와 쌍을 이루어야 하는 상보적인 염기가 다가와서 그것이 순차적으로 결합하여 DNA와 상보 관계에 있는 mRNA가 만들어진다(그림 2-5).

mRNA에 전사된 정보는 핵공을 통해 세포기질로 수송되어 단백질 합성의 하이라이트인 염기 배열이라는 정보를 아미노산 배열이라는 정보로 '번역'하는 프로세스에 들어간다. 리보솜이라는 단백질 제조공장이 그 무대이다. 세포기질이나 핵, 또는 미토콘드리아 등에서 작용하는 단백질은 세포기질 안의 리보솜에 의해 합성되고, 세포 밖으로 분비되는 단백질이나 막에서 작용하는 단백질은 소포체에 결합한 리보솜에 의해 합성된다.

코돈, 정보의 번역 단위

mRNA가 가진 정보는 AUGC라는 4개의 염기 배열에 의해 구성된다. 그런데 단백질을 구성하고 있는 아미노산은 20종류가 있으므로 아미노산을 정확하게 만들어내는 정보로서 쓸모가 있으려면, 염기 종류와 아미노산 종류가 1대 1로 대응하면 맞지

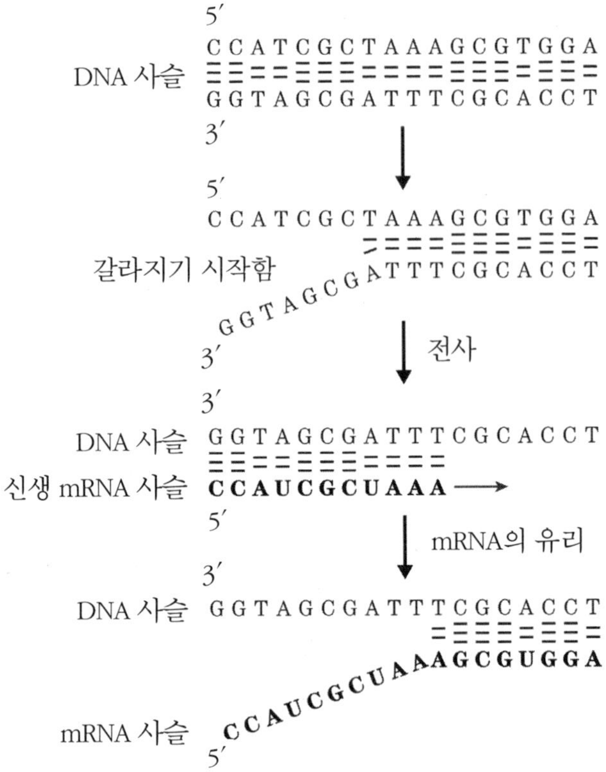

5′
DNA 사슬 C C A T C G C T A A A G C G T G G A
G G T A G C G A T T T C G C A C C T
3′

5′
C C A T C G C T A A A G C G T G G A
갈라지기 시작함 G G T A G C G A T T T C G C A C C T
3′

전사

3′
DNA 사슬 G G T A G C G A T T T C G C A C C T
신생 mRNA 사슬 **C C A U C G C U A A A** ⟶
5′

mRNA의 유리

3′
DNA 사슬 G G T A G C G A T T T C G C A C C T
mRNA 사슬 **C C A U C G C U A A A G C G U G G A**
5′

그림 2–5
DNA에서 RNA로 전사하는 과정. DNA, RNA에는 방향성이 있으며 양 말단(末端)은 각각 5′ 말단, 3′ 말단이라 불린다. DNA 복제나 RNA 전사는 5′ 말단에서 3′ 말단 방향으로 진행된다.

않는다. 1개의 염기가 1개의 아미노산을 지정한다면 4개의 아미노산밖에 지정할 수 없기 때문이다. 2개의 염기를 조합하여 아미노산을 결정한다 해도 조합은 4×4=16종류밖에 없으므로 여전히 부족하다. 3개의 염기를 하나의 정보로 해서 읽으면, 이론상으로는 4×4×4=64, 64종류의 정보를 주는 것이 가능해진다. 그리고 지구상의 생물은 바로 이 이론 예측대로 3염기를 연속해서 읽음으로써 아미노산 정보를 얻고 있다.

이 3개조의 유전암호(유전코드)를 트리플렛 코드(triplet code, 세 글자 암호), 또는 간단히 코돈(codon)이라고 한다. 'UUU'나 'GUA' 등 각각의 코드마다 아미노산 한 개씩이 할당되어 있는데 이것은 지구상의 모든 생물, 식물이든 박테리아든 인간이든 기본적으로 다르지 않은 암호이다(표 2-1). 그 암호는 어떻게 해독되었을까?

암호를 최초로 해독한 사람은 미국의 생화학자인 마셜 니런버그(Marshall W. Nirenberg)였다. 모두 우라실(U)뿐인 RNA를 합성하여 대장균 추출액에 넣었더니 그 대장균이 페닐알라닌(Phe)이 이어진 폴리펩티드를 만들어냈다. 이 실험에서 'UUU'라는 코돈이 페닐알라닌의 유전 암호가 되어 있음을 알아냈던 것이다.

이리하여 단순한 'UUU'나 'AAA'부터 시작하여 다양한 조합이 시도되었고 1960년대에 세계적으로 유전 암호 해독 경쟁이 일어난 끝에 모든 암호가 해독되었다. 표 2-1에서 알 수 있듯이 64종류의 암호로 20종류의 아미노산을 지정하므로, 당연히 같은 아미노산을 다른 정보가 지정하기도 한다. 예를 들어 'UUU'뿐 아니라 'UUC'도 페닐알라닌을 지정하며, 류신(Leu)

첫 번째 글자 (5′말단)	두 번째 글자 U	C	A	G	세 번째 글자 (3′말단)
U	Phe	Ser	Tyr	Cys	U
	Phe	Ser	Tyr	Cys	C
	Leu	Ser	중지	중지	A
	Leu	Ser	중지	Trp	G
C	Leu	Pro	His	Arg	U
	Leu	Pro	His	Arg	C
	Leu	Pro	Gln	Arg	A
	Leu	Pro	Gln	Arg	G
A	Ile	Thr	Asn	Ser	U
	Ile	Thr	Asn	Ser	C
	Ile	Thr	Lys	Arg	A
	Met 개시	Thr	Lys	Arg	G
G	Val	Ala	Asp	Gly	U
	Val	Ala	Asp	Gly	C
	Val	Ala	Glu	Gly	A
	Val	Ala	Glu	Gly	G

표 2-1 유전암호표

이라는 아미노산의 경우는 훨씬 많아서, 6종류의 암호가 모두 같은 류신을 지정한다. 이것을 '축퇴(degeneracy)' 현상이라고 한다.

암호의 시작점과 종결점

DNA는 염기가 기다랗게 이어진 암호 테이프이다. 암호를 해독하려면 어디서 암호를 시작하여 어디서 끝내는지에 대한 정보가 필수이다. 이런 번역 개시와 번역 종결 정보도 64종류의 코돈 속에 포함되어 있다. 종결 신호는 UAA, UAG, UGA이며 이 3개 중 어떤 코돈을 만나면 거기서 번역을 그만하라는 암호이다. 이것을 '스톱 코돈(종결 코돈)'이라고 한다.

그러면 개시 신호는 어떤 것일까? 메티오닌(Met)을 지정하는 AUG라는 코돈이 그 역할을 맡고 있다. 메티오닌을 지정하는 코돈은 AUG뿐이다. 이것이 개시 신호, 즉, 개시 코돈이므로 모든 단백질은 최초에 만들어질 때는 메티오닌에서 시작된다(이 메티오닌은 합성이 끝난 다음 잘려서 떨어져나가므로 모든 단백질이 메티오닌을 머리에 갖고 있지는 않게 된다).

이상과 같이 64종류의 암호가 개시 코돈 · 종결 코돈과 20종류의 아미노산을 각각 지정하도록 할당되어 있다. 이것이 바로 유전 암호이며, 이 암호표에 따라 mRNA의 염기 정보에서 아미노산 배열로 '번역'이 성립한다.

번역 기계 리보솜

실제로 번역을 하는 번역 기계가 소포체 표면이나 세포기질에 존재하는 리보솜이다. 리보솜은 mRNA의 염기 배열을 3개씩 읽어서 그것에 대응하는 아미노산을 하나하나 연결해간다. 이렇게 해서 아미노산이 한 줄로 펩티드 결합에 의해 연결되어 있는 것이 폴리펩티드이다.

리보솜은 크고 작은 2개의 소단위체(subunit)로 이루어져 있다. 큰 쪽에는 RNA 3개와 단백질 50종류, 작은 쪽에는 RNA 1개와 단백질 33종류가 모여 있는 대단히 복잡하고 커다란 덩어리다. 이 2개의 소단위체가 만나서 알사탕 모양의 리보솜을 만들고 있다. 이 리보솜에서 전개되는 폴리펩티드의 합성 프로세스는 몇 단계의 스텝을 포함하는 복잡한 것인데, 여기서는 알기 쉽게 단순화하여 그 과정을 살펴보자(그림 2-6).

운반RNA(tRNA)

리보솜의 작은 쪽 소단위체에는 터널이 있으며 mRNA가 그곳을 통과한다. 반대로 말하면 mRNA를 레일 삼아 리보솜이 그 위를 달린다. mRNA 위를 달리면서 거기에 쓰여 있는 코돈을 읽어가는 것이다. 염기 배열을 아미노산에 대응시키려면 양쪽을 이어줄 어떤 인자가 필요할 것이다. 그것이 트랜스퍼

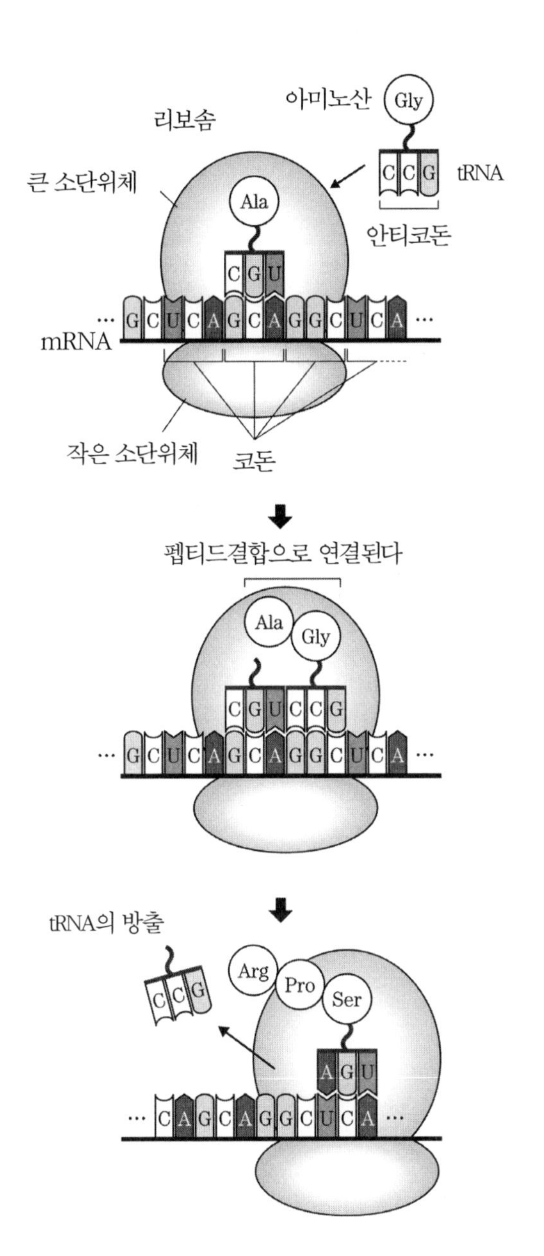

그림 2-6 리보솜에서의 번역 과정

RNA(tRNA), 또는 전이(轉移)RNA라 불리는 RNA이다. tRNA의 일부에는 안티코돈(anticodon)이라 불리는 3염기로 이루어진 배열이 있으며, 그것은 mRNA 상의 코돈과 1대 1로 대응한다. mRNA에 GCA라는 코돈이 있다면, 그것에 대응하는 CGU라는 안티코돈을 가진 tRNA가 와서, 코돈과 안티코돈이 상보적인 접합을 한다. tRNA는 각각의 안티코돈에 대응하는 아미노산을 결합하고 있으며, 아미노산을 짊어진 채로 리보솜으로 들어가서, 그림 2-6과 같은 경우라면 아르기닌(Arg)이라는 아미노산을 바로 앞의 아미노산에 결합시킨다. 이렇게 해서 mRNA 상의 염기배열을 아미노산 배열로 '번역'하는데, 양쪽을 중개하는 것이 tRNA라는 분자인 것이다.

이리하여 리보솜 안에서 아미노산이 차례차례 서로 이어져간다. 아미노산끼리는 펩티드결합이라는 결합 양식으로 이어진다(26쪽 그림 1-1 참조). 펩티드결합에 의해 차례대로 이어져 있는 아미노산 끈을 폴리펩티드라고 부른다. 리보솜은 종종 하나의 테이프를 읽어서 그것을 음성으로 재생시키는 테이프 리코더의 헤드에 비유되곤 한다.

시간이 얼마나 걸릴까

이 과정에 시간이 얼마나 걸리는지는 정확히 알 수 없다. 그러나 무서울 정도의 속도라는 것만은 확실하다. 하나의 tRNA가

mRNA에 상보적으로 접합하는 과정도, 하나하나의 접합이 정확하게 진행되는 것이 아니라 mRNA까지 온 tRNA의 안티코돈이 mRNA의 코돈과 올바르게 상보사슬을 형성하지 못하면, 다른 tRNA가 오는 등의 시행착오가 눈이 핑핑 돌아갈 정도로 빠른 속도로 일어나고 있을 것이다.

아직 충분히 해석되어 있지는 않지만 대장균 실험 등을 참고하면, 단백질 하나를 합성하는 데는 십 몇 분 정도의 시간이 걸릴 것이다. 동물세포에, 15분 정도의 제한된 시간 동안 방사성 동위원소를 투여하여 반응을 확인하는 실험을 해보면, 그 정도의 단시간에 충분히 단백질을 만드는 것을 알 수 있다. 대장균에는 1초에 45펩티드의 합성 능력, 즉 45개의 아미노산을 연결하는 능력이 있다고 한다. 그런 프로세스를 눈이 핑핑 돌 정도로 빠르게 반복하면서 300, 500이라는 아미노산이 연결된 단백질이 만들어져간다. 이리하여 세포 전체로서는 1초 동안에 몇만 개나 되는 단백질이 만들어지고 있는 것이다. 각각 많은 단계를 필요로 하는 엄청난 작업이 아찔할 정도의 속도와 효율로 이루어지고 있는 것이다.

시험관 내 번역 장치

요즘은 실험 기술이 발전하여 전사나 번역을 시험관 내(전문용어로는 인 비트로in vitro라고 한다)에서 할 수 있게 되었다. 그중에서도 복잡한 번역 과정을 시험관 내에서 재현할 수 있게 된 것은 우리에게 참으로 고마운 일이었다. 말하자면, 세포가 없어도 번역에 필요한 인자만을 시험관 내에서 혼합하면 폴리펩티드가 만들어지는 것이다. 특히 최근에는, 번역에 필요한 모든 단백질 인자를 유전자공학 기술을 사용하여 인공적으로 합성하고 그것들과 리보솜, 그리고 단백질의 정보원(情報源)으로서의 DNA를 혼합하기만 하면 DNA에서 mRNA로 전사, mRNA에서 폴리펩티드로의 번역이 한 번에 일어날 수 있는 키트도 나왔다. 단백질을 만드는 데 동물세포나 대장균 등 박테리아의 힘을 빌리지 않고 인공적으로 가능하게 되었다. 신의 손에 한 발짝 다가선 느낌까지 든다.

제3장. 성장

_ 세포 내의 훌륭한 조연, 분자 샤프롱

분자 샤프롱의 발견

지금까지 단백질의 탄생에 대해 이야기했다. 정확하게는, 단백질의 토대가 되는 폴리펩티드의 번역까지를 이야기한 것이다. 지금까지는 세포생물학 교과서에도 실려 있는 수준의 내용을 독자 여러분이 알기 쉽게 정리했는데, 이 책을 써야겠다고 생각한 가장 큰 동기는 이번 장 이후에 있다.

유전 암호가 지정하는 것은 아미노산 정보, 정확히 말하면 아미노산 배열 정보뿐이었다. 생물의 형태를 만들고 있는 20종의 아미노산을, 얼마만큼, 그리고 어떤 순서로 늘어세우면 하나의 단백질로서 기능을 가질 수 있는지를, 정보로서 보존하고 있는 것이 DNA이다. DNA 정보를 mRNA로서 읽어내고, tRNA와 리보솜에 의해 하나하나의 아미노산과 대응하여 늘어세운다. 거칠게 말하면 이것이 단백질 합성 과정이다.

그럼, 이것으로 단백질은 완성될까? 아니, 상황은 간단치 않다. 예전에는 아미노산 배열만 정해지면 그다음은 단백질이 자기 힘으로 스스로 성숙한다고 생각했다. 즉 분자로서 에너지적으로 가장 안정된 형태를 취한다고 생각했던 것이다. 그러나 이 과정에 지금까지 생각지 못했던 복잡한 단계가 존재하며 거기에 특수한 기능을 가진 '분자 샤프롱(chaperon)'이라는 일군의 단백질이 관여하고 있음이 밝혀졌다. 분자 샤프롱이라는 말은 J. 엘리스(J. Ellis)라는 연구자가 도입했는데 샤프롱은 프랑스어로 '젊은 여성의 보호자 역할을 맡은 동반자'를 뜻한다. '분자의 동반자'인 셈이다. 샤프롱이라는 말은 그 이전에도 뉴클레오솜 형성에 관여하는 뉴클레오플라스민(nucleoplasmin)이라는 단백질에 대해서 사용되고 있었지만, 엘리스에 의해 분자 샤프롱이라는 말이 비로소 시민권을 얻었다고 해도 될 것이다.

이 동반자는 실은 수줍음을 타서 다른 단백질이 어엿한 한몫을 하는 단백질이 될 때까지 그늘에서 바지런히 그것을 돌보는데, 일단 완전한 단백질이 되면 슬그머니 사라져버리므로 지금까지의 연구에서는 좀처럼 드러나지 않았다. 모두가 그것의 존재를 알아차리지 못했던 것이다. 그러나 이름이란 참으로 신기한 것이다. 일단 '샤프롱'이라는 말로 그 기능이 명명되자 단숨에 연구에 가속도가 붙었고, 사방에서 샤프롱이 활약하고 있다는 것을 알아차리기 시작했다. 샤프롱이라는 지금까지 햇빛을 보지 못했던 기능이, 세포 활동의 모든 국면에서 중요한 작용을 하고 있음을 깨닫기 시작했던 것이다.

액틴이나 콜라겐처럼 세포 구조의 기본 인자가 되거나 세포 분열이나 발생·분화 등에서 정보 전달을 담당하거나, 또는 효소처럼 대사에 직접 관여하는 등, 세포 기능의 직접적인 담당자로서 눈에 보이는 분자들을 주연배우라고 한다면, 화려한 주연

배우가 어엿한 배우로 활약할 수 있게 되기까지 성장을 돕는 것이 분자 샤프롱이다. 말하자면 조연 역할을 철저히 해내고 있는 것이므로, 예전에 나는 이런 건강한 샤프롱을 '세포 안의 명품 조연'이라고 부르기도 했다.

최근에는 분자 샤프롱의 기능이 충분하지 않았거나 파탄함으로써 심각한 병이 생기는 것이 밝혀지는 등, 생명 활동의 이해라는 기초적인 측면뿐만 아니라 병의 원인이나 치료 등의 실제적인 측면에서도 분자 샤프롱이 커다란 주목을 받게 되었다. 이제부터 분자 샤프롱이 활약하여 제몫을 하는 단백질이 만들어지는 과정을 살펴보자.

접어서 모양 만들기

애써 아미노산을 연결해서 폴리펩티드를 만들어내도 그것 자체는 단순히 끈에 불과하므로 세포 안에서 구조를 만들거나, 효소로서 촉매 능력을 발휘하거나, 정보를 전달하거나, 세포 내의 물질 수송을 담당하는 등의 단백질로서의 다양한 '기능'을 가질 수 없다.

기능을 가지려면 폴리펩티드가 접혀서 3차원의 '구조'를 만들어야 한다. 그것을 '접힘(접기)'이라고 한다.

마이크로 세계의 일이므로 상상하기 쉽지 않으니 예를 들어보자. 한 줄의 철사가 있는 것만으로는 거기에는 아무런 형태도 보이지 않지만, 그것을 차례차례 구부려가면 여러 가지 형태를 만들 수 있다. 폴리펩티드도 접힘으로써 여러 가지 구조를 만들고, 그에 따른 기능을 갖게 된다. 구조의 다양성이 단백질 기능의 다양성에 대응하고 있는 것이다. 구조를 획득함으로써 분자 표면에 다양한 요철이 생겨나는 것, 그 요철을 이용하여 다른 단백질이나 다른 분자와 특이한 상호작용을 하는 것이 기능의 토대인 것이다. 단백질이 기능을 가졌다고 해도 1개의 단백질만으로는 기능을 발휘할 수 없으며 다른 분자와의 '상호작용' 이야말로 기능에 있어서도 가장 중요한 포인트이다.

4개의 계층

단백질의 구조에는 4개의 계층이 있다(그림 3-1). 먼저, 아미노산이 한 줄로 늘어서 있을 뿐인 폴리펩티드가 있으며, 이것을 1차 구조라고 한다. 1차 구조는 늘어서 있는 아미노산의 성질을 반영하여 자연히 몇 개의 2차 구조를 만든다. 2차 구조의 대표적인 것으로는 두 종류가 있으며, 먼저 폴리펩티드가 나선 모양이 되면 이것을 α나선(α helix)이라고 한다. 지그재그로 꺾이면서 평면적인 병풍을 만드는 경우, 이것을 β병풍(β sheet)이라고 한다. 그밖에 β턴(β turn)이나 루프라고 부르는 불규칙한 끈 모양 부분도 있다.

개개의 2차 구조가 조합되어 공간적인 3차 구조를 만든다. 여

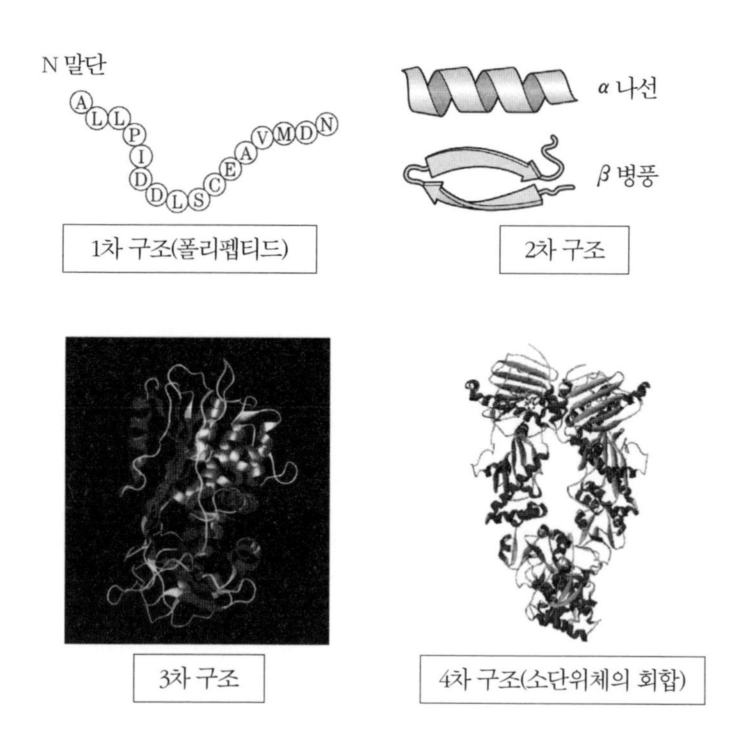

그림 3-1 단백질의 4개의 계층

기까지 구조가 복잡해지면, 여러 곳에 요철이 생기는 것을 그림에서도 쉽게 알 수 있을 것이다. 분자 표면의 요철을 통해 다른 분자와 상호작용을 하여 기능을 획득한다. 실제로 이런 3차 구조를 취함으로써 완전한 기능을 획득하는 단백질은 많다.

어떤 단백질은 몇 개의 3차 구조를 소단위체로 삼아 그것들이 회합한 4차 구조라 불리는 구조를 만들기도 한다. 예를 들면 적혈구의 주성분인 헤모글로빈은 네 줄의 폴리펩티드가 모여서 만들어져 있는데, 2개의 α소단위체와 2개의 β소단위체가 모여서 네 줄의 폴리펩티드로 이루어진 헤모글로빈을 만든다. 헤모글로빈은 헴이라는 물질을 결합하고, 이 헴에 산소를 결합시켜 산소를 운반하는데, 헴은 이와 같은 4차 구조로 이루어진 소단위체의 회합으로 보존, 유지되고 있다.

3차 구조, 4차 구조 등의 단백질 구조를 해석하는 데에는 몇 가지 방법이 있는데, 그중 가장 유효한 방법은 X선결정구조해석이다. 구조를 결정하고 싶은 단백질을 불순물이 없는 상태까지 정제하여 순수해진 단백질 분자를 촘촘하고 규칙적으로 세움으로써 결정을 만들 수 있다. 이 결정에 X선을 쬐면 여러 방향에서 X선의 회절 패턴을 얻을 수 있는 것을 이용하여, 분자의 내부 구조를 원자 수준에서 정하는 것이다. 이것이 X선결정구조해석이다.

친수성, 소수성

아미노산의 기본적인 구조는 제1장에서 이야기했는데 다시 한 번 간단히 정리하면, 20종류의 아미노산은 모두 1개의 탄소 원자를 중심으로 아미노기, 카르복실기, 수소 원자를 공통으로 가지며 곁사슬(측쇄側鎖, R)이라 불리는 부분이 아미노산마다 다르다(26쪽 그림 1-1 참조). 곁사슬의 차이로 인해 아미노산은 각각의 성질을 갖게 된다.

여기서는 20종류의 아미노산의 각각의 성질까지는 다룰 수 없지만, 중요한 한 가지는 기억해주기 바란다. 그것은 물과 친해지기 쉬운 친수성(親水性) 아미노산과, 물과 친해지기 어려운 소수성(疏水性) 아미노산의 두 종류가 있다는 점이다. 이 친수성/소수성이라는 성질은 단백질의 '형태'가 결정될 때 중요한 요소다. 왜냐하면 세포 내부는 거의 수분으로 가득 차 있기 때문이다. 그런 수성(水性) 환경에서 작용하려면 단백질 표면은 물과 친해야 한다.

접힘의 대원칙

아미노산이 다양한 순서로 한 줄로 이어져 있는 폴리펩티드는, 친수성 아미노산이 촘촘하게 존재하는 부분과 소수성 아미노산이 모여 있는 부분이 혼재되어 있다. 소수성 부분은 물과 접촉하고 있는 상태에서는 불안정하기 때문에 되도록 물에서 멀어지려 한다. 물과 친해지기 어려운 물질로 가장 대표적인 것은 기름인데, 기름은 잘 섞어서 물에 녹이려 해도, 시간이 지나면 곧바로 물에서 분리하여 기름방울을 만든다. 기름끼리 상호작용하여 모이려고 하기 때문이다.

마찬가지로, 소수성 아미노산끼리는 소수성 상호작용에 의해 서로 모여 물에서 멀어지려는 성질이 있다. 소수성 아미노산의 집합 부분(이처럼 일정한 성질의 분자가 모여 있는 부분을 클러스터

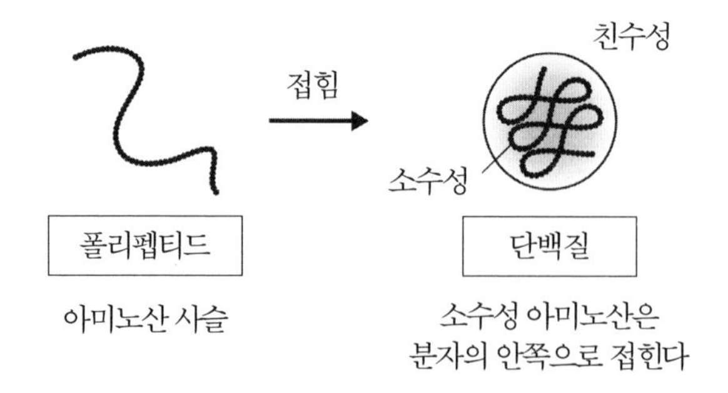

그림 3-2 소수성 부분을 안쪽으로 접는다

라고 한다)끼리 들러붙으면 공간적으로 그것들이 물에 닿는 부분은 적어질 것이다. 세포기질 안의 단백질은 소수성 아미노산 클러스터를 어떻게 단백질의 안쪽으로 잘 접어서 물에 닿는 부분을 적게 할 것인가, 하는 것이 수용액에서 안정되게 존재하는 열쇠가 된다(그림 3-2).

아미노산을 정교하게 접어서 단백질의 구조를 만들어가는 과정은 '접기' 또는 '접힘'이라고 한다. 이 접힘의 가장 큰 원리는 만두피 속에 소를 집어넣고 꼭꼭 접듯이, 물과 친해지기 어려운 소수성 아미노산 클러스터를 분자 안쪽으로 꼭꼭 접어버리는 것이다.

물론 이것에 해당하지 않는 접힘도 존재한다. 예를 들면 세포막 같은 막을 관통하여 존재하는 막 단백질의 경우, 막의 안은 지질로 이루어진 소수적 환경이므로 이 경우에는 세포기질의 경우와는 반대로 막을 관통하는 부분에만 소수성 아미노산이 밖으로 나와 있어야 안정된다. 막 단백질의 막 관통 부위는, 이런 식으로 소수성 아미노산이 20~30개 연속하며 그것들이 막 내부에서 α 나선을 만들고 있는 경우가 많다.

또 한 가지 접힘에 중요한 아미노산의 결합 양식에 대해서도 이야기를 해야겠다. 그것은 이황화결합이라는 결합인데, 시스테인(cysteine)이라는 아미노산 둘 사이에서 만들어진다. 폴리펩티드는 철사줄과는 달리 한번 구부리면 그대로 모양을 유지하고 있지는 않다. 접히기만 해서는 불안정해서 곧바로 풀어져버리거나 변형되어버린다. 이것을 안정시키려면 군데군데 클립 같은 것으로 단단히 고정시켜야 한다. 이 클립 역할을 하는 것이 이황화결합이라 불리는 강력한 결합이며, 시스테인이 갖고 있는 황 원자(S)끼리 결합하는 공유결합이다. S-S결합이라고도 한다.

단백질의 구조는 이런 이황화결합과, 소수성 아미노산끼리 모이는 성질에 의한 소수성 상호작용, 아미노산이 가진 수소 원자(H)가 가까이 배치되면 약한 상호작용이 작용하여 결합력을 얻는 수소결합, 그리고 아미노산 곁사슬의 플러스와 마이너스의 전기적인 인력·척력으로 이루어진 정전기적(靜電氣的) 상호작용, 주로 이 4가지 힘에 의해서 3차 구조·4차 구조가 안정화된다.

안핀슨의 도그마

앞에서도 간단히 언급했지만 예전에는 단백질의 최종적 구조가 아미노산의 배열(1차 구조)만 결정되면 자동으로 정해진다고 생각했다. 에너지적으로 가장 안정된 구조로 자동적으로 접힌다고 생각했던 것이다. 이것을 실험적으로 밝혀낸 것이 1960년대 초에 미국의 생화학자 안핀슨(C. B. Anfinsen)의 '되돌리기 실험'이다(그림 3-3). 안핀슨은 이미 올바르게 접혀 있는 단백질을 일단 원래의 폴리펩티드로 되돌린 다음, 과연 이 폴리펩티드가 다시 한 번 올바른 형태로 접힐 수 있는지를 확인하는 실험을 했다.

리보누클레아제A(Ribonuclease A)라는 효소에 머캅토에탄올(mercaptoethanol)이라는 시약을 작용시켜서 이황화결합을 끊음(이것을 환원이라고 한다)과 동시에, 요소(尿素)로 고차 구조를 파괴(이것을 변성이라고 한다)하여 한 줄의 폴리펩티드로까지 변성시킨다. 이 변성시킨 리보누클레아제A 용액을 먼저 '투석'(신장병 환자가 받는 '인공투석'과 기본적으로 같은 작업이다)하고 요소와 머캅토에탄올을 천천히 제거한다. 그러자 변성시킨 폴리펩티드에서 원래와 같이 효소 활성을 가진 리보누클레아제A가 만들어졌다. 효소 활성을 갖고 있다는 것은 올바르게 접혔다는 뜻이다.

여기서 안핀슨이 끌어낸 결론은 단백질의 고차 구조가 아미노

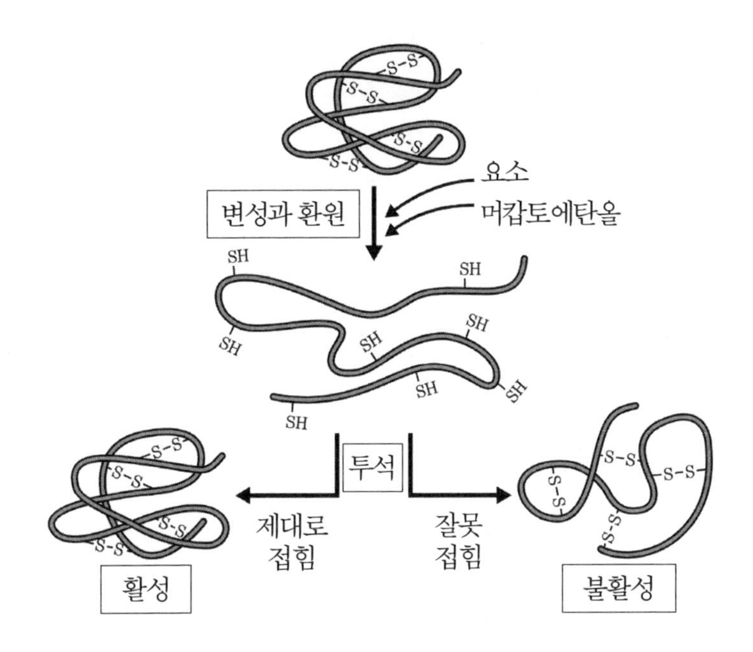

그림 3-3 안핀슨의 되돌리기 실험

노산의 1차 배열만으로 자동으로 결정된다는 대단히 단순명쾌한 것이었다. '폴리펩티드의 1차 구조가 고차 구조를 규정한다'는 것을 '안핀슨의 도그마'라고 부르게 되었으며, 그는 이 연구로 1972년 노벨화학상을 받았다.

시험관 안, 세포 안

안핀슨의 실험은 40년쯤 전의 실험인데 이 도그마는 기본적으로 지금도 옳다. 그러나 훗날 그것이 지극히 한정된 조건에서

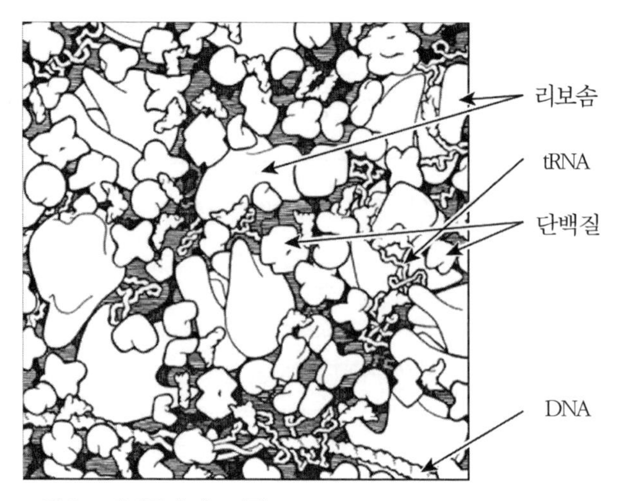

그림 3-4 대장균의 세포기질

만 옳다는 것이 증명되었다.

어떤 1차 구조를 가진 폴리펩티드는 최종적으로는 하나의 정해진 안정된 구조를 취해서 기능을 갖게 된다. 그러나 여기서 한 가지 놓치고 있었던 것은 접힘이 일어나는 환경이라는 문제였다. 시험관 안에서 단백질 농도가 비교적 낮은 상태에서 실험하면 안핀슨의 도그마가 성립하지만, 세포의 내부처럼 단백질 농도가 대단히 높은 환경에서는 그것이 반드시 성립하지는 않는다는 것이 지난 20여 년 동안 많은 연구를 통해 잇따라 밝혀진 것이다. 하나의 단백질이 접힐 때는 주변의 단백질과 상호작용하기 쉽다.

그림 3-4는 대장균의 세포 안이 얼마나 북적거리는지 실감할

수 있는 모형 도식이다. 대장균의 크기는 거의 1마이크로미터로 동물세포의 20분의 1정도인데, 그 세포에서 0.1마이크로미터를 한 변으로 하는 정육면체를 잘라냈다고 하자. 그러면 이 안에는 어림잡아 리보솜 30개, tRNA 340개, 그리고 GroEL이라 불리는 분자 샤프롱(나중에 자세히 언급한다) 21개, 기타 단백질 500개 이상이 포함되어 있다. 거의 빈틈이 없을 정도로 단백질이 꽉꽉 채워져 있으며 그 틈새를 물 분자가 메우고 있다. 이런 환경에서 폴리펩티드가 아무 도움도 없이 자동으로 올바른 구조로 접히기는 대단히 어렵다.

단백질의 응집

그 가장 큰 이유는 세포기질의 대부분이 물이라는 것이다. 앞에서 이야기했듯이 소수성 아미노산은 수용액에 익숙해지기 어려우며 소수성 상호작용에 의해 서로 모이기 쉽다. 리보솜의 구멍에서 나온 폴리펩티드는 이 소수성 아미노산의 클러스터가 노출된 채 수용액 속에 내던져지므로 아주 불안정하다.

그래서 '끼리끼리 모인다'는 말처럼 물과 친해지기 어려운 동료끼리 모이려고 한다. 한 줄의 폴리펩티드의 각각 다른 부분에 있는 소수성 아미노산 클러스터끼리 소수성 상호작용을 통해 모여들거나, 바로 옆의 리보솜에서 만들어진 다른 폴리펩티드의 소수성 아미노산 클러스터와 결합할 수도 있다. 대단히 불안정하므로 일단 소수성 아미노산을 갖고 있는 것이 바로 옆에 오면 상대를 가리지 않고 쉽게 달라붙어버린다. 이렇게 되면 기껏 만들어진 폴리펩티드가 결국 잘못 접히게 된다. 리보솜이 아무리 열심히 폴리펩티드를 만들어내도 이런 일이 계속 일어난다면 올바른 구조는 만들 수 없다.

설상가상으로, 잘못 접힌 단백질은 소수성 아미노산 클러스터가 바깥쪽으로 노출되기 쉽다. 노출된 소수성 아미노산끼리는 물에서 멀어지려고 잘못 접힌 또 다른 단백질과 분자간 집합을 만들어버린다. 이것을 단백질의 응집(凝集)이라고 한다. 응집 또한 소수성 아미노산끼리의 소수성 상호작용에 의한다는 것은 두말할 필요도 없다.

인간 사회에서도 특히 청소년이 나쁜 행동에 빠지기 쉽듯이, 아직 확실하게 자아가 확립되지 않은 상태(즉 구조가 충분히 만들어지지 않은 상태)에서는 악의 유혹에 넘어가기 쉽다. 소수성 아미노산 클러스터가 가까이 오면 거기에 달라붙어버리는 것이다. 아직 자아가 확립되지 않은 순진한 아이를 되도록이면 어른의 눈길이 미치는 곳에서 악의 유혹에 넘어가지 않도록 지키는 일은 단백질의 세계에도 필요한 것 같다. 일단 잘못 접힘, 변성이라는 나쁜 길에 발을 들여놓으면 같은 패거리들과 함께 있는 것이 마음 편하듯이, 더욱 더 응집해버리기 쉬우므로 대단히 곤란하다.

보호자 역할, 분자 샤프롱 등장

단백질이 올바르게 만들어지지 않으면 세포는 생명을 유지할 수 없다. 그러면 어떻게 할까. 여기서 등장하는 것이 분자 샤프롱이라는 일군의 단백질이다.

분자 샤프롱은 다양한 작용을 하는데, 맨 먼저 꼽아야 하는 중요한 작용은 소수성 아미노산 클러스터에 선택적으로 결합하여 가려주는 것이다. 예를 들어 HSP70이라는 대표적인 분자 샤프롱이 있다. HSP란 열충격단백질(Heat Shock Protein)의 약칭으로, 세포가 40도 이상의 고온에 노출되는 등의 스트레스를 받으면 유도되는 단백질이다.

이름에다 분자 크기(분자량)를 숫자로 덧붙여서 나타내는 것이 일반적이다. HSP70 분자에는 β병풍으로 이루어진 홈이 파여 있는데 이 홈은 소수성이다. 여기에 소수성 아미노산으로 이루어진 폴리펩티드가 달라붙는다. 그러면 폴리펩티드의 소수성 부분은 분자 샤프롱의 홈에 의해 가려져서 세포 안에서도 안정적으로 존재할 수 있게 된다.

열충격단백질에서 스트레스단백질로

분자 샤프롱의 연구는 1930년대의 초파리 연구로 거슬러 올라간다. 초파리 유충에 열을 가했더니 특정 단계에서 발육이 멈추거나 성충의 날개가 4개가 되는 것이 관찰되었다. 이것은 유전적 요인에서 비롯된 것이 아닌 변이로, 표현형모사(表現型模寫)라는 현상이다. 초파리의 침샘 등에서는 세포 분열을 동반하지 않고 DNA 합성만이 반복되며, 그 결과, 상동인 염색체가 모여서 한 줄의 거대한 염색체인 다사염색체(多絲染色體)를 형성한다. 표현형모사의 관찰로부터 4반세기가 지난 1962년에 이탈리아의 유전학자 페루치오 리토사(Ferruccio M. Ritossa)는 초파리 유충을 보통보다 몇 도 높은 온도에 두었더니(즉, 열충격을 가했더니) 다사염색체 몇 군데에 명백한 팽창이 일어나는 것을 관찰했다. 이것이 퍼프(puff)라고 불리는 것으로, 퍼프에서는 주로 mRNA가 활발하게 합성되고 있음이 나중에 알려졌다. 그렇게 되면 열충격에 의해 특이하게 유도되는 단백질이 있다고 생각하는 것이 자연스럽다. 마침내 1970년대에 들어서자 HSP90, HSP70, HSP27 등으로 불리는 일군의 열충격단백질(HSP)이 보고되었다.

열충격단백질을 유도하는 것은 열뿐만은 아니다. 수은이나 카드뮴, 비소 등 중금속을 함유한 유독물질, 저산소나 활성산소 등의 산화 스트레스, 포도당 부족이나 허혈 등에서도 열충격단백질이 유도된다는 것이 알려졌다. 세포가 이상한 단백질을 만들어낼 만한 병적인 상태일 때 일반적으로 나타나는 현상이라는 점에서, 열충격단백질은 보다 넓게 '스트레스단백질'이라 부르게 되었다.

스트레스단백질에서 분자 샤프롱으로

1980년대 후반이 되자 스트레스단백질들이 반드시 스트레스가 있는 상태에서만 발현하는 것은 아니며, 정상 세포 중에도 어느 정도 발현되거나 경우에 따라서는 상당한 양이 만들어진다는 것을 알게 되었다. 생성 도중의 미숙한 단백질은 잘못 접히거나 응집하기 쉬운데, 이런 스트레스단백질이 생성 도중의 폴리펩티드에 작용하여 성숙을 돕고 있는 것 같다는 것이 차츰 밝혀졌으며, 그런 기능을 가리켜 '분자 샤프롱'이라는 말이 제창되었다.

'샤프롱'이라는 이름은 프랑스어의 '샤포(chapeau, 모자)'에서 유래한다. 원래는 사교계에 데뷔하는 어린 아가씨에게 드레스를 입혀서 무도회장까지 데려가고 자신은 대기실에서 대기하는 '보호자 역할'을 하는 여성을 가리키는 말이다. 이런 역할을 하던 부인이 샤포를 쓰고 있었던 데에서 샤프롱이라 불리게 되었다고 한다.

르누아르의 「물랭 드 라 갈레트의 무도회(Bal du Moulin de la Galette, Monmartre)」라는 유명한 그림이 있는데, 가운데에 있는 모자를 쓴 여성이 바로 샤프롱이라고 한다. 분자 세계의 샤프롱도 갓 만들어진 어린 폴리펩티드 아가씨를 교육시키고 사교계에 데뷔할 때는 연회장까지 데려가고 어엿한 한몫을 하게 되면 스르륵 떨어져나간다. 그야말로 이름 그대로의 샤프롱으로서 작용하고 있는 것이다.

이름을 붙이는 것은 신기한 일로, 일단 '샤프롱'으로 불리게 되자 그것과 유사한 작용도 그 범주나 개념으로 이해할 수 있게 되어, 세포 내의 다양한 작용이 하나의 단어로 깔끔하게 정리되었다. 잡초라고 생각하고 있을 때는 개개의 풀들의 개성이 보이지 않지만, 일단 그 이름을 알게 되면 그 후로는 들판에서 그 풀만 멀리서도 눈에 띄는 것과 비슷하다. 분자 샤프롱이라는 말로 부르게 되자 그것에 해당하는 기능이 세포 내의 곳곳에서 보이게 되어 분자 샤프롱 연구는 일제히, 그리고 극적인 진보를 이루게 되었다. 많은 스트레스단백질은 분자 샤프롱으로서의 작용을 갖고 있다.

대장균에서 작용하는 샤프롱

리보솜에서 만들어진 폴리펩티드가 올바르게 접혀가는 과정을 대장균을 예로 구체적으로 알아보자(그림 3-5). 하나의 단백질이 만들어지기까지 얼마나 많은 샤프롱이 관여하고 있는지를 볼 수 있을 것이다.

리보솜에 결합하고 있는 트리거 팩터(trigger factor)라는 샤프롱이 있다. 갓 만들어진 폴리펩티드는 리보솜의 구멍으로 나오면 먼저 트리거 팩터의 바구니 같은 구조 안으로 들어가고, 이 바구니 안에서 접힘을 시작한다. 바구니 안에서는 소수성 아미

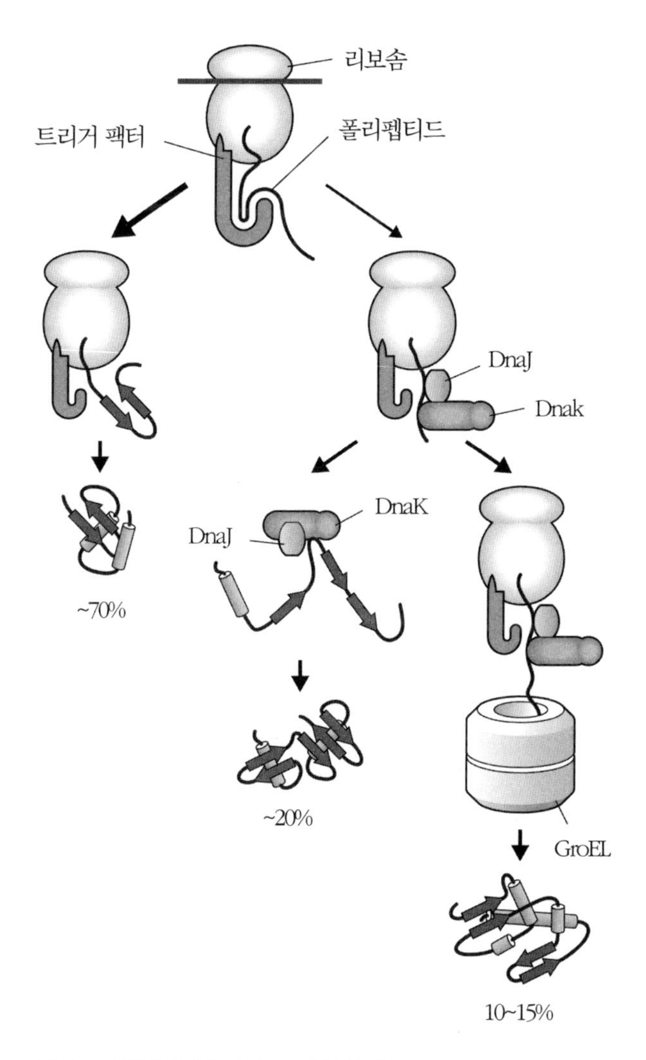

그림 3-5 대장균에서 폴리펩티드가 접혀가는 모습

노산이 노출되어 있더라도 다른 폴리펩티드와 상호작용을 할 위험성이 없이, 갓 태어난 아기가 요람 안에서 자라나듯이 바깥 세상과 차단되는 것이다. 대장균이 만드는 폴리펩티드 가운데 약 70%가 트리거 팩터의 보살핌을 받아 접힌다고 한다.

그러나 단백질 중에는 트리거 팩터의 보살핌만으로는 접힐 수 없는 것도 있으며, 이것들은 다음 단계로 DnaJ, DnaK 등의 다른 샤프롱에게 맡겨져서 그것의 도움을 받아 접힌다. 이런 것이 약 20%라고 한다. 그중에는 그럼에도 여전히 접히지 못하는 좀 더 복잡한 단백질도 있는데, 이것은 GroEL(그로이엘이라고 읽는다)이라는 통같이 생긴 샤프롱 안에 넣어져서 그 안에서 접힌다. 이런 것이 10~15%라고 한다.

대장균 같은 박테리아뿐만 아니라 우리들 인간을 포함하는 동물세포에도 이와 똑같은 작용을 하는 분자 샤프롱이 존재한다. 트리거 팩터나 DnaJ, DnaK, 심지어 GroEL 등에 각각 대응하는 분자 샤프롱은 진핵세포에도 존재하며 순서나 작용도 똑같다.

분자 샤프롱은 이미 몇 십 종류나 발견되었으며(우리 연구실에서도 새로운 분자 샤프롱 3종류를 발견해서 보고했다) 작용하는 방법도 다양하다는 것이 밝혀지고 있다. 새로 만들어진 폴리펩티드는 이들 샤프롱의 힘을 빌려 올바르게 접혀서 마침내 세포 안에서 작용할 수 있게 된다.

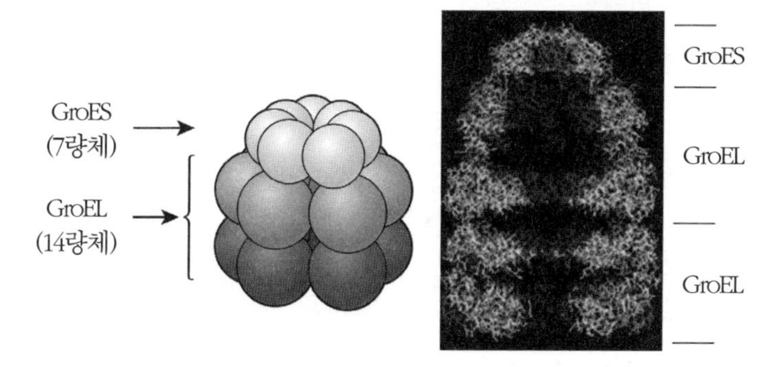

그림 3-6 GroEL의 구조

요람 안에서의 접힘

분자 샤프롱이 어떻게 접힘을 돕는지를 앞에서 말한 통 모양 샤프롱인 GroEL에 주목하여 구체적으로 알아보자. GroEL은 그림 3-6에서 보이듯이, 같은 소단위체가 7개 모인 7량체의 오크통이나 고리처럼 생긴, 놀랄 만큼 정교한 접힘 기계다.

GroEL 고리는 이단으로 겹쳐진 14량체를 이루고 있는데, 그 고리에는 GroES라는 7량체의 작은 샤프롱 고리가 모자처럼 얹혀서 이 구멍을 막고 있다. 이 모자에 의해 GroES 고리의 캐비티(cavity, 공동空洞)를 세포 내의 다른 단백질로부터 격리시켜 이른바 무균실을 만들어낼 수 있다. 갓 태어난 아기를 무균실 요람에 넣듯이, 갓 만들어진 폴리펩티드를 그 캐비티에 넣어 다른 단백질의 간섭을 받지 않도록 하여 접히게 한다. GroES는 샤프롱에 협력해서 작용한다는 뜻에서 코샤프롱(cochaperone)이라고 부르는 일이 많다.

'전기 떡메'의 구조

GroEL의 이단으로 겹쳐진 도넛에서는 각각의 캐비티 안에서 각각 접힘이 진행된다(그림 3-7). 오토바이를 타는 사람이라면 잘 알겠지만, 이 접힘 시스템은 2기통 엔진 같은 것으로 위아래가 정확히 180도로 대칭되어 서로 작용하고 있다. 여기서는 위쪽 것을 기준으로 알아본다. 먼저, 모자에 해당하는 GroES가 떨어져나간 상태에서 접히기 전의 폴리펩티드가 다가온다. 이 폴리펩티드의 소수성 부분이 GroEL 입구의 가장자리에 있는 소수성 영역에 결합한다. 다음으로 ATP가 GroEL에 결합하면 GroEL의 고리는 구조 변화를 일으켜 고리의 가장자리에 노출되어 있던 소수성 영역을 안쪽으로 접어 넣어버린다.

그러면, 거기에 결합해 있던 폴리펩티드는 소수성 상호작용할 상대가 없어져서 캐비티 안으로 뚝 떨어진다. 그러면 즉각 GroES가 덮개를 씌워서 안전한 요람이 완성된다. GroEL 자체는 ATP를 가수분해하는 활성을 갖고 있으며 ATP를 ADP(아데노신2인산)로 바꾸어 에너지를 얻을 수 있다. 이 에너지는 다시 GroEL 고리의 구조 변화를 일으킨다. 이때 안에 들어 있는 폴리펩티드도 주변의 벽을 만들고 있는 원자로부터 힘을 받아 접힘

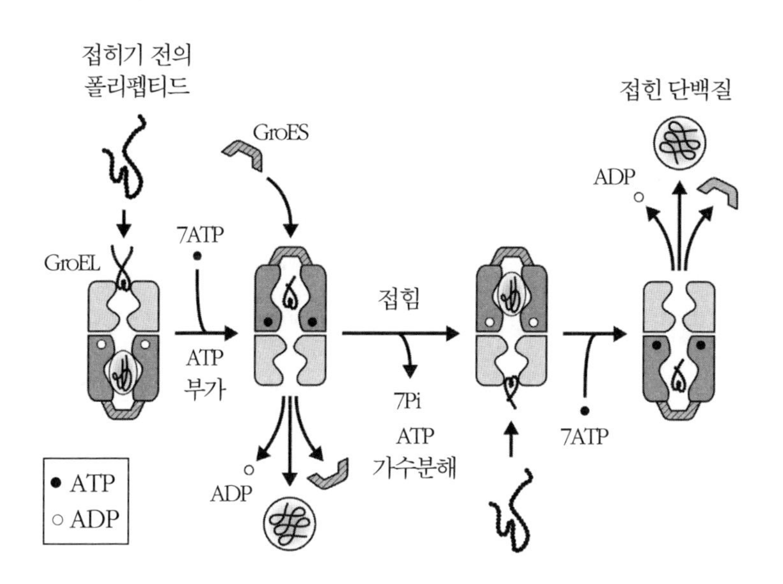

그림 3-7 GroEL 안에서의 접힘 시스템

이 진행된다.

이 과정을 비유하자면 '전기 떡메'이다. 전기 떡메는 바닥에 있는 날개와 절구에 해당하는 주변부가 회전하는 구조이며, 안에 담긴 떡쌀이 그 힘을 받아 흔들리고, 돌고, 다시 흔들리면서 찧어져 떡이 된다. GroEL에서 일어나는 것도 그것과 가까운 원리다. 주변의 GroEL이 구조 변화를 일으킴에 따라 안에 있는 폴리펩티드에도 힘이 가해지고, 그것에 의해 접힘이 진행되는 것이다.

위쪽 도넛에서 이런 반응이 일어날 때 아래쪽 도넛에서는 정반대의 위치에서 반응이 일어난다. 그림 3-7에서 보이듯이, 아래쪽의 고리에 모자가 되는 GroES가 달라붙으면, 그것이 방아쇠가 되어 반대쪽의 GroES가 툭 떨어져나가고, 안의 폴리펩티드는 밖으로 내팽개쳐진다. 이때 안의 폴리펩티드가 정상적으로 접혀 있으면 이것으로 완료되지만, 이것이 미숙한 경우에는 다시 한 번 이 사이클이 되풀이된다. 이것을 'GroEL 사이클'이라고 한다. 미국의 아서 호위치(Arthur L. Horwich)와 일본 도쿄공업대학의 요시다 마사스케 팀이 상세하게 해석하고 각각의 단계에 걸리는 시간까지 산출했는데, 8~15초 정도에 한 번의 사이클로 돌고 있다고 한다.

20여 년 전까지는 DNA에서 정보를 읽어내서 아미노산을 올바르게 배열하기만 하면 단백질 합성은 완료된다고 생각했다. 그러나 세포 안에서는 폴리펩티드를 올바른 구조로 하기 위해 GroEL/GroES를 비롯한 여러 종류의 분자 샤프롱이 작용하여 하나의 단백질이 접히고 있음이 밝혀졌다. 이것은 거꾸로 말하면, 단백질을 올바른 구조로 이끄는 작업이 그만큼 어렵다는 것이다.

올바르게 접히기는 이토록 어렵다

구조를 갖추기가 특히 어려운 막단백질의 경우를 예로 들어보자. 낭포성섬유증(囊胞性纖維症)이라는 병이 있다. 서구에서는 출생아 2,500명 당 1명이라는 높은 발생빈도를 보이며 호흡기나 외분비 장기의 복합장기부전(複合臟器不全) 때문에 대부분 20~30대에 사망하는 난치성 질환이다. 이 질환의 원인은 CFTR로 약칭되는 단백질인데, 염소 이온이 막을 통과하기 위한 채널(구멍)을 만든다. CFTR에 변이가 일어나면 낭포성섬유증을 일으키는데, 이 단백질은 정상세포에서도 합성되는 것 가운데 무려 75%가 올바르게 접히지 않고 분해되어버린다고 한다.

훨씬 극단적인 예로 갑상선 퍼옥시다아제(peroxidase)라는 효소가 있다. 이것도 막을 통과하는 단백질인데, 이것은 만들어진 단백질의 겨우 2%만 제대로 세포 표면에 도달한다는 보고가 있다. 나머지는 아마도 올바르게 접히지 않았으므로 파괴되어버린다고 한다.

이 얼마나 엄청난 낭비인가. 단백질 하나를 만들기 위해 전사, 번역, 그리고 접힘까지, 도대체 몇 분자의 ATP를 사용하고 있는가. 그만큼의 에너지를 사용하여 만드는 한편으로, 생물은 그것을 무심하게 파괴해버린다. 생물은 아무렇지도 않게 이런 낭비를 하고 있는 것 같다. 제6장 품질관리 대목에서 이야기하겠지만, 아무래도 생물은 하나하나 공들여서 완벽하게 완성하는 것보다 대충대충 많이 만들어서 쓸모없는 것은 버리고 좋은 것만 남기는 전략을 선호하는 것 같다. 생물은 그런 면에서는 상당히 주먹구구식이다.

스트레스단백질

그런데 아무리 분자 샤프롱이 활약한다 해도 세포 내의 단백질이 올바른 구조를 유지하면서 계속 작용하기 위해서는 맨 처음에 접힐 때만 조심하면 되는 것은 아니다. 사실 세포는 평소에 수많은 스트레스를 받고 있다. 그러므로 단백질은 언제나 변성의 위험에 노출되어 있다.

일단 변성된 단백질은 응집을 일으키기 쉬우므로 변성이나 응집을 저지하거나 일단 변성되어버린 단백질을 재생해서 사용할 수 있게 하는 등의 처치가 필요해진다. 이러한, 일단 완성된 단백질이 위기에 처했을 때 그것을 지키기 위해 스트레스단백질이 작용하고 있다. 스트레스단백질에는 여러 종류가 있는데 대부분은 분자 샤프롱과 겹치며, 역시 '보호자 역할'의 기능을 다한다.

여기서 말하는 스트레스는 어떤 것인지, 발열을 예로 들어보자. 우리들 인간의 세포는 통상적으로 약 36도의 온도에서 유지되고 있다. 그러나 감기에 걸려 열이 날 때에는 39도, 아이라면 40도를 넘는 일도 있다. 일반적으로 열에너지는 운동에너지가 되어 분자를 격렬하게 운동시킨다. 찬물을 끓이면 비등하는데 이것은 열에너지를 흡수한 물 분자가 그것을 운동에너지로 바꾸어 격렬하게 운동하고 있는 것이다. 단백질의 경우도 마찬가지로, 세포에 열을 가하면 아미노산을 구성하는 원자의 움직임이 활발해져서 기껏 소수성 아미노산 안쪽으로 접어넣어 안정된 구조를 취해왔음에도 불구하고, 그것을 만들고 있는 원자가 열에너지를 획득하여 활발하게 운동함으로써 전체의 안정된 구조를 파괴해버린다. 그 결과, 소수성 아미노산 클러스터가 분자 표면에 노출되어 불안정해지며 응집을 일으키게 된다.

인간의 신체에 열이 난다는 것은 이상사태인데, 열에 의한 단백질의 응집이라는 사태는 일상생활에서도 많이 볼 수 있다. 예를 들어 요리를 하면서 고기나 생선을 굽거나 볶거나 찔 때 단백질은 변성되고 응집된다. 훨씬 알기 쉬운 전형적인 예는 삶은 달걀이다. 날달걀일 때 달걀에 함유된 단백질은 물에 녹아 있는 상태다. 이것에 열을 가하면 삶은 달걀이 되는데 삶은 달걀이란 요컨대 단백질(단백질만은 아니지만)이 응집해서 굳은 것이라고 하면 '응집' 현상을 상상하기 쉬울 것이다.

삶은 달걀이라면 맛있게 먹으면 그만이지만, 우리의 세포 안에서 단백질이 굳으면 세포는 죽고 만다. 그러면 어떻게 하면 좋을까? 세포는 이런 상황에 대처하는 빈틈없는 메커니즘을 갖추고 있다. 스트레스단백질의 등장이다.

단백질 수리공

분자 샤프롱과 스트레스단백질은 작용이 거의 똑같다. 평상시에 만들어져 기능하는 것을 분자 샤프롱이라 부르고, 스트레스 하에 재빨리 유도되는 것을 스트레스단백질이라고 부른다. 많은 분자 샤프롱은 스트레스에 의해 유도되는 스트레스단백질이기도 하다. 예를 들어 열 스트레스를 받으면 스트레스단백질(그 경우는 열충격단백질이라고 불러도 된다)이 유도되어 대량으로 새로 합성된다. 이것이 먼저 변성된 단백질의, 외부에 노출되어버린 소수성 아미노산 클러스터에 달라붙어 그것들을 가려서 응집을 막기 위해 작용한다. 그런 다음 거기에 더해, 앞에서 분자 샤프롱의 작용으로서 본 것과 마찬가지로, ATP 에너지를 사용하여 변성된 단백질을 원래대로 재생한다(115쪽 그림 3-8). 스트레스단백질(분자 샤프롱)은 단백질 수리공으로도 작용하고 있는 것이다.

이런 편리한 일이 정말로 일어나고 있을까? 그것을 시험관 안에서 재현할 수 있다. 시험관 안에 요소(尿素) 같은 변성제로 단백질을 변성시킨다. 단백질로서 올바른 구조를 갖췄는지 여부는 활성으로 판단할 수 있으므로 이런 실험의 소재로는 효소를 많이 사용한다. 그리고 변성된 효소액에서 변성제인 요소를 제거한다. 실제로는 희석함으로써 요소의 농도를 단숨에 낮추는데, 그때 거기에 분자 샤프롱과 ATP를 첨가해본다. 그러면 놀랍게도 효소 활성이 다시 나타난다. 안핀슨의 실험과 기본적으로는 같은데, 이 경우 분자 샤프롱이 없으면 효소 활성의 회복은 거의 볼 수 없었다. 분자 샤프롱이 다시 접힘(리폴딩refolding이라고 한다)을 촉진한 결과이다.

이 연구는 「네이처」나 「셀(Cell)」 같은 잡지에 실렸을 당시에는 모두들 '원리적으로는 그렇게 될 것'이라고 생각하면서도 '설마' 하는 생각에 직접 해보지는 않았던 실험이었다. 아무리 바보같이 여겨지는 것이라도 실제로 해보지 않으면 아무것도 시작되지 않는다는 것을 뼈저리게 느끼게 해준 경험이다. 실험과학에서는 종종 '만용'을 부리는 것이 중요하다. 공자는 『논어』에서 "배우기만 하고 생각하지 않으면 얻는 것이 없고, 생각만 하고 배우지 않으면 위험하다(學而不思則罔, 思而不學則殆)."고 말했는데 실험과학에서는 배우기만 해도 안 되고 생각하기만 해도 안 되며, 손을 움직여서 증명해보는 행동력이 중요하다. '손이 빠르다' 또는 '엉덩이가 가볍다'는 말은 세간에서는 별로 좋은 의미로 사용되지 않는데, 나는 실험과학에 종사하는 연구자는 아이디어가 떠오르면 곧바로 시험해보는 순발력이 중요하다고 생각한다.

지금은 여러 가지 단백질에서 똑같은 것이 확인되어 변성시킨 단백질 (효소)활성의 회복도 측정은 샤프롱의 활성을 측정하는 실험 방법으로 자리를 잡았다.

삶은 달걀이 날달걀로!

스트레스단백질(분자 샤프롱)은 세포가 다양한 스트레스를 받을 때 세포 내 단백질이 응집하지 않도록 방어하는 역할을 갖고 있다. 그러나 그뿐 아니라 응집해버린 단백질을 풀어줄 수 있는 놀라운 솜씨를 가진 샤프롱도 존재한다. 효모에서는 HSP104라는 분자 샤프롱, 대장균에서는 C1pB라 불리는 같은 구조를 가진 샤프롱이 그것이다. 둘 다 6량체 고리로 이루어져 있다.

시험관 안에서의 실험이기는 하지만, HSP104에 HSP70 등의 분자 샤프롱을 첨가하고 에너지로서 ATP를 보충해주면 응집된 단백질이 가용화하고 심지어 재생하는 것을 알 수 있었다. (효소)활성이 회복된 것이다(그림 3-8). 이것은 대단히 놀라운 일이다. 왜냐하면 삶은 달걀(응집)이 날달걀(올바른 접힘)로 변해버렸기 때문이다! 물론 현실에서는 삶은 달걀이 날달걀로는 돌아오지 않지만 세포 안에서는 그것에 가까운 일이 일어나고 있는 것이다.

어떤 메커니즘으로 응집을 푸는지는 아직 밝혀지지 않았지만, 아마도 털실뭉치를 푸는 것 같은 일이 일어나는 것으로 추측된다. 응집한 단백질은 엉킨 털실뭉치 같은 것이라고 생각하면 된다. 폴리펩티드라는 털실이 엉켜버린 상태인 것이다. 그것을 풀려고 할 때, 보통은 털실 끝에서부터 한 줄 한 줄 당겨서 엉킨 것을 풀어가려고 시도할 것이다. HSP104의 경우도 엉킨 폴리펩티드의 끝을 잡아서 도넛 모양의 구멍 속을 통과하며, 그 과정에서 엉켜 있던 폴리펩티드를 조금씩 풀어서 한 줄의 끈으로 되돌리고, 그런 다음 다시 한 번 접을 것이라고 오늘날 많은 연구자들은 생각하고 있다.

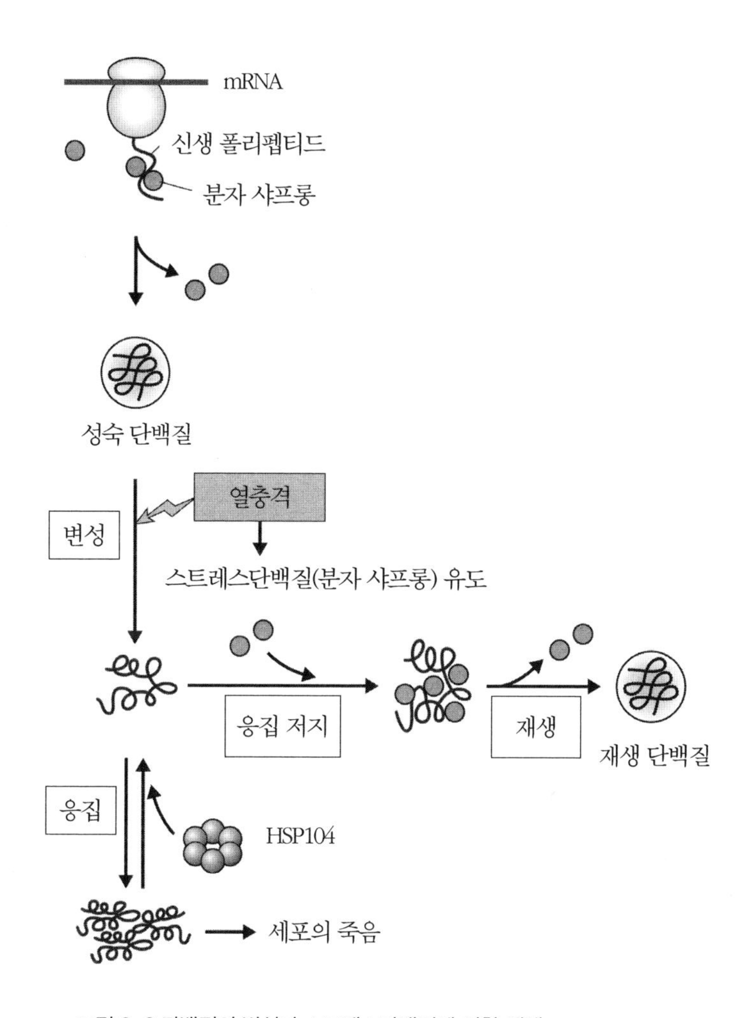

그림 3-8 단백질의 변성과 스트레스단백질에 의한 재생

샤프롱의 작동 원리는 3가지

여기서 분자 샤프롱의 작동 원리에 대해 정리해보자.

지금까지 이야기했듯이, 샤프롱에는 많은 종류가 있으며, 그 작동 원리도 다양한 것 같다. 애초에 변성 상태 자체가 다양하며, 그것에 대처하는 방법은, 상태의 다양성 이상의 다양성을 갖고 있어야 한다고 생각하는 것이 당연하다. 그러나, 실제로 분자 샤프롱의 작동 원리는 극히 단순하다고 한다. 요시다 마사스케의 제안인데, 크게 나누어 3가지 방법이 있다(그림 3-9). '격리(감금)형'과 '결합해리형'과 '바늘귀에 실꿰기형'이다.

첫 번째인 '격리형'은 GroEL/GroES와 같이 변성되거나 잘못 접힌 단백질끼리 응집하지 않도록 한 분자씩 바구니 안으로 격리시켜 접는 방법이다. 신생 단백질이라면 요람, 변성 단백질이라면 유치장 격이다. 그 바구니 또는 벽의 안쪽에서는 위험한 불량배들의 영향을 받을 염려 없이 느긋하게 성장을 지키거나 갱생을 기다릴 수 있을 것이다.

두 번째인 '결합해리형'은 HSP70 등의 경우처럼, 변성 단백질과 직접 결합함으로써 일단 소수성 부분을 막아버린다. 그런 다음 변성 단백질과의 사이에 '결합해리'를 반복하여 자발적으로 접히기를 기다리는 방법이다. 올바르게 접히기만 하면 소수성 잔기(殘基)는 분자의 내부로 접혀들어가버리므로 더 이상 무의미한 응집을 만들지 않는다. 비유하자면 보호관찰관 격으로,

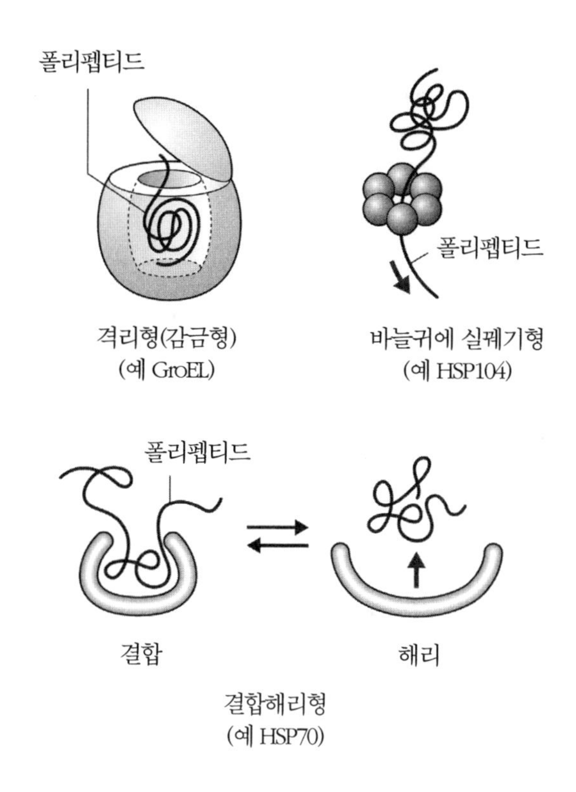

그림 3-9 샤프롱의 3가지 작동 원리

나빠질 것 같으면 옆에 붙어서 보호하고 충분히 갱생이 되면 더 이상 상관하지 않는 것과 같다.

세 번째인 '바늘귀에 실꿰기형'은 HSP104처럼 고리 모양을 한 분자 샤프롱의 구멍에 변성 또는 응집된 폴리펩티드를 통과시킴으로써 뒤엉킨 폴리펩티드의 실을 일단 풀어서 다시 한 번 접힐 기회를 주는 것이다. 무리한 비유를 해보자면, 폭주족처럼 집단을 이루고 있으면 다루기 어렵지만, 한 명 한 명 그 집단에서 빼내면 나름대로 착한 아이로 돌아오는 것과 같다고나 할까. 약간 다른 느낌도 들지만 말이다.

뇌허혈

분자 샤프롱은 우리의 신체 안에서 실제로 여러 가지 중요한 역할을 하고 있다. 우리가 평소에 건강하게 살아갈 수 있는 것은 사실 분자 샤프롱이 그늘에서 지켜주고 있기 때문이라고 해도 지나친 말이 아니다.

쉬운 예로 쥐의 뇌허혈(腦虛血) 실험을 소개한다. 혈전 등이 뇌의 모세혈관에 고이면 그 앞쪽 혈관으로 피가 흐르지 못해 뇌경색을 일으킨다. 뇌경색에서는 경색소(梗塞巢)보다 앞쪽의 혈관에는 피가 흐르지 못해 목숨은 구한다 해도 여러 가지 심각한 후유증이 나타난다.

우리 연구실에서는 쥐나 생쥐를 이용하여 뇌허혈과 스트레스 단백질의 관련을 실험했다. 그림 3-10은 쥐의 뇌로, 신경세포를 색소로 검게(실제로는 보라색으로) 물들였다. 물들여져 있는 곳은 뇌에서 해마(海馬)라고 불리는 영역으로, 기억을 담당하는 것으로 알려져 있다. 해마에는 일련의 신경세포가 밀집한 곳이 있으며 정상인 쥐의 뇌에서는 기역자(ㄱ)나 부등호(<) 같은 모양으로 신경세포가 물든다.

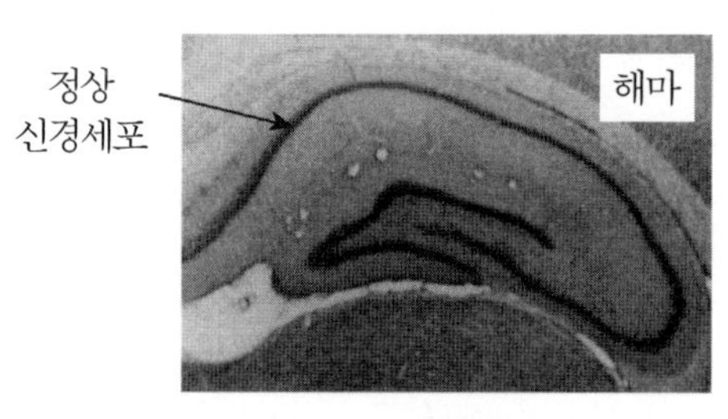

정상 쥐

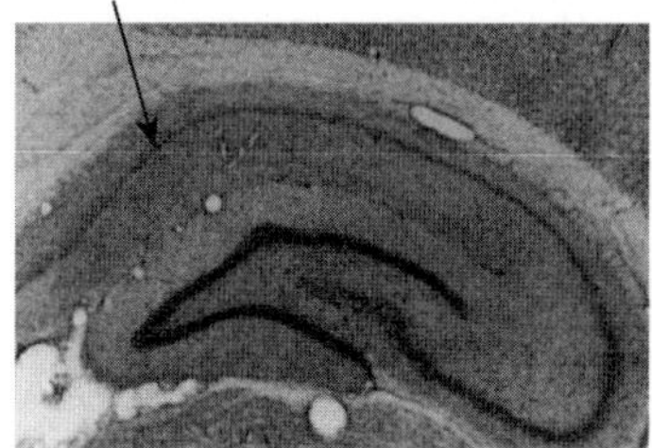

30분 허혈 → 재환류 7일 후

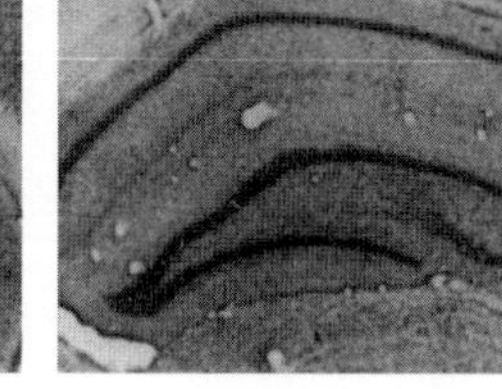

5분 허혈 → 재환류 2일 →
30분 허혈 → 재환류 7일 후

그림 3-10 뇌허혈과 지연성 신경세포사(해마 영역)

실험에서는 일단 쥐의 뇌에 이르는 혈관(총경동맥總頸動脈이라고 한다)을 30분 동안 묶어서 허혈을 한 다음, 혈관을 다시 열어준다. 그러면 다시 혈액이 흐르고(재환류) 쥐는 죽지 않는다. 그러나 그로부터 7일이 지난 시점에 쥐를 해부해서 해마 영역을 조사해보니 해마의 신경세포는 아래 왼쪽 그림에서 보이듯이, 두드러지게 죽어서 탈락해 있는 것을 알 수 있었다. 허혈 때로부터 상당히 늦게 신경세포가 죽으므로 '지연성 신경세포사'라고 한다.

스트레스 내성의 획득

그림 3-10 아래 오른쪽 쥐의 뇌도, 아래 왼쪽 그림과 마찬가지로 30분 허혈한 다음 재환류 7일 후의 것이다. 그러나 해마 영역의 신경세포는 정상 쥐와 전혀 다르지 않다. 사실 이 쥐는 30분 허혈하기 이틀 전에 5분 동안 허혈을 해두었다. 5분 허혈을 한 다음 묶은 것을 풀고, 이틀 동안 그대로 재환류시킨다. 이틀 뒤에 이번에는 30분 동안 허혈하여 재환류시키고, 7일이 지난 시점에 관찰했다. 이 쥐에서는 30분 허혈을 했음에도 불구하고 해마의 신경세포가 전혀 허혈을 하지 않은 쥐와 구별할 수 없을 정도로 건강했다. 왜 그럴까?

이 쥐에서는 5분의 전(前)허혈이 포인트이다. 세포에 30분 허혈이라는 강한 스트레스를 주면 단백질 변성이 일어나서 신경세포가 죽는다. 그런데 5분 허혈 같은 약한 스트레스에서 세포는 오히려 건강하다. 그러나 이 약한 스트레스가 주어짐으로써 세포는 스트레스단백질을 만들 기회를 얻었다. 스트레스단백질이 축적되어 있었기 때문에 그 후에 강력한 스트레스를 받더라도 세포 안에서 많은 단백질이 허혈이라는 스트레스로부터 지켜져서 세포가 죽지 않았던 것이다. 이것을 '스트레스 내성', 지금과 같은 경우는 허혈에 대한 내성이므로 '허혈 내성'이라고 한다.

이것은 물론 허혈의 경우에만 일어나는 현상이 아니며 열 스트레스의 경우도 똑같다. 보통 37도에서 배양하고 있는 세포를 45도에 10분 동안 두면 세포는 죽는다. 그러나 처음에 41도에서 10분 정도의 약한 스트레스를 주고 1시간쯤 뒤에 45도라는 강한 스트레스를 주면 세포는 이미 내성을 획득하고 있다. 최초의 약한 스트레스에 의해 스트레스단백질을 유도 · 축적했기 때문이다. 이 경우는 '온열 내성'이라고 한다.

스트레스단백질은 열이나 허혈뿐만 아니라 외부로부터의 다양한 자극에 대해 체내의 단백질 변성을 막아냄으로써 우리의 신체를 세포 수준에서 지키고 있다. 절체절명의 위기 순간에 어디선가 홀연히 나타나 여주인공을 구하는 슈퍼맨 같은 존재인 것이다. 스트레스단백질이나 분자 샤프롱은 우리 신체의 항상성(호메오스타시스homeostasis)을 유지하기 위해 밤낮없이 일을 하고 있다.

이식수술에 응용

이런 스트레스단백질의 임상적 응용을 검토하는 예로 간 이식 같은 장기 이식수술을 생각해보자. 이식수술을 할 때, 그곳에서 바로 이식할 수 없는 상황인 경우, 예를 들어 이식받을 환자가 멀리 있어서 거기까지 장기를 운반해야 하는 경우라면 생체에서 떼어낸 장기는 오랫동안 허혈 상태에 놓이게 되며, 당연히 시간에 비례하여 장기 손상이 일어난다. 그러므로 장기를 냉

동시켜 세포의 대사를 정지시키고 손상을 최대한 억제한 상태로 만들어 수송하는 것이 일반적이다.

그럼에도 허혈에 의한 세포의 손상은 엄청나다. 이런 경우 스트레스단백질을 적극적으로 유도하여 장기에 허혈 내성을 획득시키는 방법이 모색되고 있다. 생체에서 떼어내기 전에 열충격을 가해서 스트레스단백질을 유도한다. 그런 상태에서 장기를 떼어내서 수송하면 스트레스단백질이 장기 내의 단백질을 변성으로부터 지켜주므로 좀 더 오랫동안 장기를 보존할 수 있을 것이다. 아직 실용화되어 있지 않지만 가능성 있는 수단으로 실제로 임상적인 모색이 진행되고 있다.

암 치료와 스트레스단백질

이처럼 분자 샤프롱과 스트레스단백질은 말하자면 '정의의 사도'이다. 그러나 방패에도 양면이 있듯이, 거꾸로 이것들이 곤란한 사태를 불러일으키기도 한다. 암의 온열요법의 경우가 그러하다.

암의 대표적인 치료법으로 5가지를 들 수 있다. 종양 조직을 절제해버리는 외과수술, 항암제 등에 의한 화학요법, 방사선을 환부에 쬐어 암 세포를 죽이는 방사선요법 등은 잘 알려져 있다. 네 번째 치료법이 면역요법이다. 암 세포는 원래 자신의 세포가 암화된 것이므로 정상 세포와 별로 차이가 없으며, 면역기구만으로는 그것을 이물질로 완전히 배제하기는 어렵다. 면역요법은 어떤 종류의 다당류처럼 면역력을 촉진시키는 작용이 있는 것을 투여하여 면역력을 높임으로써 암 세포를 죽이는 방법이다. 이들 비특이적 면역요법 이외에 최근에는 환자의 림프구에 암 세포의 특징을 기억시켜 암 세포만을 특이적으로 공격하게 하는 특이적 면역요법이 크게 발전하고 있다.

이런 잘 알려진 4가지 암 치료법에 더해서 또 하나, 온열요법이라는 다섯 번째 치료법이 있다. 전자파를 사용하여 암 조직만을 따뜻하게 하는 요법이다. 전자레인지에 음식을 데우는 것과 같은 원리로 종양 조직을 고온으로 유지함으로써 암 세포 속의 단백질 변성이 일어나 암 세포가 죽는 것을 기대한다.

온열요법의 실제

종양 조직의 특징은 정상 조직에 비해 저영양, 저pH(약산성), 저산소 상태라는 것이다. 이것들은 모두 온도에 대한 종양 조직의 감수성을 높이는 데 기여하고 있다. 종양 조직 내에도 혈관은 발달하며, 특히 암 세포 자체가 혈관을 유도하는 물질을 만들어 혈관을 자신의 조직 안으로 끌어들임으로써 영양을 확보하여 증식한다. 암 세포는 강력하다. 그러나 혈관의 발달은 정상 조직에 비해 미숙한데, 혈류에 의한 쿨링(cooling) 효과가 정상 조직보다 약해서 온도가 높아지기 쉽다. 이런 특징이 암의 온열요법을 효과적으로 만들고 있다.

그런데 난감하게도, 암 세포는 원래 우리들 숙주에서 출현한 같은 세포이며, 당연히 열스트레스에 반응하여 스트레스단백질을 만듦으로써 자기방어 능력을 갖고 있다. 온열요법을 시행한 다음날 다시 한 번 열을 가해봤자, 살아남은 암세포는 이미 열에 대해 내성을 획득해버린다. 온열요법은 보통 일주일에 2회 간격으로 시행하는데, 한 번 열을 가했을 때 생긴 스트레스단백질이 사라지기까지 2~3일 걸리기 때문이며 그것이 사라질 때를 기다려서 다시 한 번 열을 가하게 된다.

그러나 실제로 스트레스단백질은 조직을 따뜻하게 하고 있는 와중에도 유도된다. 암 조직에도 적다고는 말할 수 없는 혈액이 흘러서 언제나 쿨링되고 있기 때문에 41도 이상에 도달하려면 시간이 꽤 걸린다. 그 사이에 스트레스단백질이 유도되어 효과를 약화시킨다. 즉, 온열요법에서는 스트레스단백질의 합성과 유도를 어떻게 억제하느냐가 중요한 문제로 떠오른다. 그것을 억제하는 약제도 개발 중이다.

스트레스단백질이 숙주인 세포를 지키고 있는 것은 틀림없지만, 지키고 있는 세포가 좋은 세포인지 나쁜 세포인지에 따라 스트레스단백질을 유도하는 것이 좋을지 억제하는 것이 좋은지를 생각해야 한다.

호열균의 스트레스단백질

스트레스단백질은 포유류처럼 고도로 진화한 생물에만 있는 것은 아니다. 제1장에서 잠시 이야기한 온천이나 해저화산의 분화구에 살고 있는 박테리아, 고도호열균도 스트레스단백질을 유도한다. 보통 박테리아는 15~20도, 아무리 높아도 30도 정도의 환경에서 살고 있다. 그러므로 우리는 유통기한이 약간 지난 식품 등은 열을 가함으로써 발생했을 수도 있는 박테리아를 죽이거나 발생을 억제하여 섭취하는 것이다. 그러나 고도호열균, 특히 초호열균이라 불리는 박테리아는 80~90도, 또는 그 이상의 환경에서도 살 수 있다.

놀랍게도 평소에 이런 고온에서 살고 있음에도 불구하고 고도호열균도 열충격단백질이 유도된다. 고도호열균의 경우 90도 정도에서 배양할 때에는 평소처럼 살지만 95도로 온도를 5도 올리면 스트레스단백질을 유도한다고 한다. 인간처럼 체온이 36도에서 살고 있는 생물은 42도가 되면 엄청난 발열이라고 느낀다.

인간의 감각으로는 90도와 95도에서는 별 차이가 없을 것 같다. 그러나 고도호열균, 초호열균이라도 불과 5도의 차를 열스트레스로 응답하여 스트레스단백질을 만든다. 단백질 구조가 그만큼 섬세한 균형을 이루고 있음을 실감하게 된다.

생명을 지키는 시스템

열충격 등의 다양한 스트레스에 대응해서 스트레스단백질을 유도하는, 이른바 '스트레스 응답'은 아주 오래된 메커니즘이며 면역 응답보다도 이전에 만들어졌다고 한다. 식물이나 박테리아에도 같은 기능을 가진 스트레스단백질이 존재하며, 스트레스단백질은 진화의 가장 이른 시기에 나타난 단백질의 하나로 여겨진다.

아주 오랜 옛날, 태곳적에 우리의 조상은 단세포생물, 박테리아였다. 60조 개의 세포를 가진 현재의 인간은 세포 한두 개쯤 죽어도 개체 전체에는 아무 영향이 없지만, 박테리아에게는 세포 하나하나가 하나의 생명이다. '세포 하나의 죽음=개체의 죽음'인 것이다. 면역 반응 등 많은 세포가 연계하여 전체로서의 개체를 지키는 방어 기구가 없는 상태에서 세포 하나의 수준에서 생명을 지키는 시스템으로서 스트레스 응답은 그야말로 생사를 좌우하는 필수 자기방어 기구로서 발달하고, 기능하고 있었다고 여겨진다.

스트레스 응답의 구조

이 장의 마지막에, 어떻게 해서 스트레스에 응답해서 스트레스단백질이 만들어지게 되는가, 스트레스 응답의 구조를 간단히 설명한다.

유전자가 발현하려면 유전자의 상류, 프로모터(전사조절영역)라 불리는 영역에 있는 DNA의 일부에, 전사를 활성화하는 단백질이 결합해야 한다. 스트레스단백질의 프로모터에는 공통의 배열이 있는데, 공통의 전사활성화인자(이것을 Heat Shock Factor=HSF라고 부른다)가 결합함으로써 많은 스트레스단백질이 일제히 전사 · 번역된다.

통상적으로 HSF에는 어떤 종류의 분자 샤프롱이 결합하여 HSF를 불활성 상태로 유지하고 있다. 그러므로 정상 상태에서는 대부분의 스트레스단백질이 발현하지 않는다. 그런데 세포에 열충격이 가해졌다고 가정해보자. 세포 내의 많은 단백질이 변성 위기에 처하면 그것에 대처해야 하는 분자 샤프롱에게 긴급출동 명령이 떨어진다. 변성 단백질에 결합하여 응집을 막고, 잘 되면 재생시키기 위해서이다. 그러면 HSF에 결합해 있던 분자 샤프롱에도 긴급출동 명령이 떨어져 HSF에서 떨어져 나온다. 그것에 의해 HSF는 활성화되어 핵으로 옮겨가서 일군의 스트레스단백질을 일제히 발현시킨다. 이것이 스트레스에 의해 스트레스단백질이 발현하는 구조이다. 즉 스트레스 응답을 일으키는 방아쇠는 세포 내 단백질의 변성인 셈이다.

충분한 양의 스트레스단백질이 만들어져서 세포 내 단백질의 변성 위기를 벗어났다고 하자. 그 상태에서는, 충분히 만들어져서 쓰고 남은 스트레스단백질이 다시 HSF에 결합하여 HSF가

불활성화된다. 그러면 스트레스단백질의 합성은 멈춘다. 산물인 스트레스단백질 자신이, 자기의 유전자 발현을 제한하는 이 구조에 의해 스트레스단백질은 과도하게 생성될 위험성을 회피하고 있는 것이다. 이것을 '음의 피드백(negative feedback) 구조'라고 한다. 필요할 때만 만들고 필요 없어지면 합성을 멈추게 하는 훌륭한 제어 기구이다.

제4장. 수송

_ 세포 내 물류 시스템

정교한 '수송' 시스템

단백질이 올바른 구조를 가지면 그것 자체가 기능을 발휘할 수 있다. 그러나 세포에 있어서는 그 단백질이 원래 작용해야 하는 올바른 장소에서 작용해야만 의미가 있다. 아무리 훌륭한 축구 선수라도 집 안에서 공을 차고 있으면 무의미하며 축구장의 필드에 서야 비로소 축구 선수로 의미가 있다.

마찬가지로, 단백질도 만들어진 장소에서 그것이 원래 작용해야 하는 세포 안팎의 여러 장소로 운반된다. 단백질 수송에는 인간 사회의 물류 시스템에 견주어도 전혀 손색이 없는, 대단히 잘 만들어진 세포 내 수송 시스템이 발달해 있다.

이번 장에서는 그 수송 시스템을 몇 가지 경우로 나누어 구체적으로 알아본다. 단백질의 일생이라는 관점에서는, 어른이 된 단백질이 직장으로 부임하는 이미지라고 할 수 있다.

수신처 쓰는 법 – 엽서 방식과 소포 방식

수송을 하려면 먼저 수신처를 명확하게 해야 한다. 수신처를 지정하는 방법은 2가지다.

첫째는 '엽서' 방식이다. 엽서의 겉면에는 행선지가 적혀 있고 안에는 내용이 적혀 있듯이, 단백질 자체에 수신인이 아미노산 배열로서 적혀 있는 경우다. 바꿔 말하면, 단백질이 작용할 장소가 이미 유전자에 적혀 있어서 태어날 때부터 어디서 작용할 것인지가 정해져 있다.

둘째는 '편지 · 소포' 방식이다. 운반하고 싶은 내용물을 봉지에 넣고 봉지에 수신처를 써서 보내는 것이다. 이 봉투 또는 봉지 역할을 하는 것은 막으로 감싸인 작은 주머니인 '소포(小胞)'이다. 뒤에서 자세히 이야기하겠지만, 교토에서 도쿄로 화물을 보내고 싶다면 봉투에 '도쿄'라는 수신처를 쓴다. 같은 장소로 운반하는 화물은 일괄적으로 수신처가 쓰인 봉지에 넣는 것이 효율적이다. 세포 내에는 화물을 효율적으로 운반하기 위해, 수송을 위한 인프라로서 그물눈처럼 사방으로 뻗은 레일과 그 위를 화물을 싣고 달리는 모터 단백질이 존재하여, 소포(小胞)의 수송을 담당하고 있다.

'이리로 가세요'라는 지정 방식에 더해서, '여기서 멈추세요'라는 지정, 즉 유치 우편(留置郵便, 발신인의 청구에 의하여 그의 지정 우체국에 유치하여 두었다가 수취인이 직접 받아 가는 우편 제도)을 지시하기도 한다. 우체국에서 보관하고 있는 경우를 상상하면 되는데, 인간 사회에서 그러듯이, 세포에도 그런 유치 우편을 위한 명령이 있으며, 이것 또한 단백질 자신의 아미노산 배열 안에 적혀 있다. 어떤 세포소기관의 내부에서 멈추라는 명령도 있고 막을 관통한 채로 멈추라는 명령도 있으며, 각각은 다른 아미노산 배열이 신호를 담당하고 있다.

단백질의 수송 경로

DNA에서 mRNA가 전사되고 그 mRNA 정보를 토대로 번역기계인 리보솜에서 폴리펩티드가 합성되는 과정까지는, 모든 단백질이 똑같다. 그 후 다양하게 수송되어 일터로 보내지는데, 어디로 보내지는가에 따라 각각 수송 경로와 방식이 다르며, 크게 4가지 타입으로 나눌 수 있다.

첫째, 세포기질에서 폴리펩티드로서 합성되면, 거기서 접혀서 가용성 단백질로서 그대로 세포기질에서 작용하는 경우다. 이 경우는 만들어진 곳에서 계속 작용하므로 특별한 수송이 필요 없다. 폴리펩티드에 수신처가 적혀 있지 않으면 세포기질에서 작용하는 단백질이 된다. 요즘은 컴퓨터가 일반적이라 '디폴트'라는 단어도 흔히 쓰이는데, 단백질의 경우도 디폴트는 세포기질이다.

다음으로, 수송이 필요한 경우를 3가지로 나눌 수 있다(그림 4-1). 첫째는 핵으로 수송, 둘째는 미토콘드리아나 퍼옥시좀 등의 세포소기관으로 수송, 셋째는 소포체에서 골지체를 통해 세포 밖으로 분비되는 경우, 말하자면 '중앙분비계'이다.

세포기질에서 작용하는 경우는 제외하고 위의 3가지 수송 경

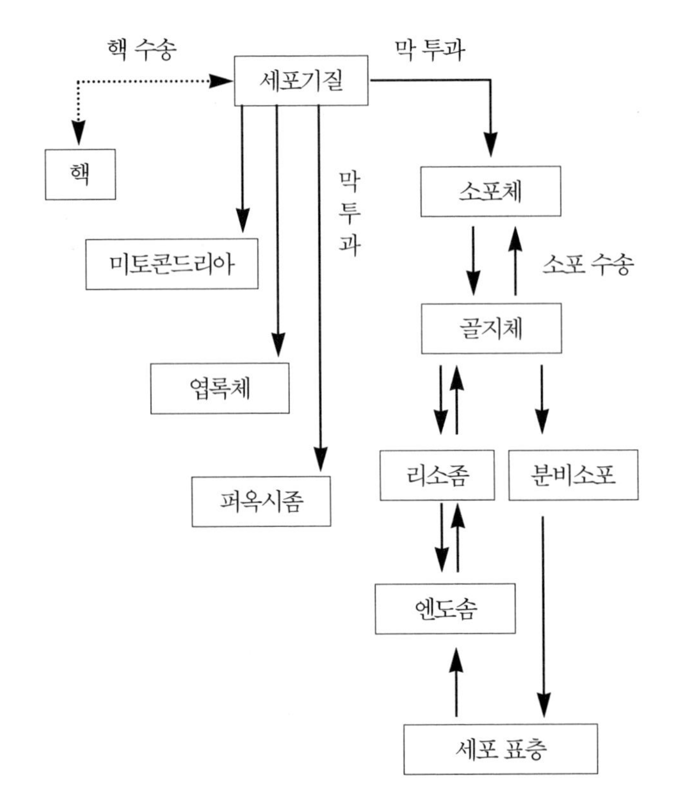

그림 4-1 세포 내 수송 경로

로를 자세히 알아보자. 이들 3가지에는 각각 특징이 있다. 먼저, 단백질 구조를 갖춘 다음에 하는 수송과, 구조를 갖추지 않고 이루어지는 수송이라는 점에서 크게 둘로 나뉜다. 세포소기관으로 수송되는 경우에는 세포소기관이 막으로 싸여 있으므로 막을 직접 통과해야 한다. 막에는 미세한 구멍(채널)이 뚫려 있어서 폴리펩티드가 이 구멍을 통과한다. 이것을 '막 투과'라고 한다. 따라서 단백질이 접혔다면 통과할 수 없다. 그래서 접히기 전에 한 줄의 폴리펩티드로서 막의 미세한 채널을 통과시키려는 전략을 취한다.

이에 비해 핵으로 수송하는 데에는 단백질의 지름보다 훨씬 큰 핵공이라는 구멍이 있으므로 단백질이 구조를 갖추고 있어도 수송에 문제가 없다. 소포(小胞) 수송에서는, 소포(小包)로서 보내므로, 소포(小胞) 안에 들어가는 크기라면 구조를 갖추고 있어도 감쌀 수 있다. 적하(일반적으로 '카고'라고 부른다)된 단백질이 구조를 갖추고 있느냐 그렇지 않느냐 하는 관점에서는, 막 수송(막 투과)만이 다른 2가지와 다르다.

한편으로, 보내지는 화물 자체에 수신처가 적혀 있는가 그렇지 않은가 하는 관점에서 보면, 핵으로의 수송과 각 세포소기관에의 막 투과의 경우에는 폴리펩티드에 직접 수신처가 적히고, 소포 수송인 경우에는 봉지에 수신처가 적힌다는 점이 다른 2가지와 다르다.

인지질의 '막'

수송을 생각할 때, 막 투과나 소포 수송의 경우에는 막이 중요한 요소이다. 그러므로 먼저 막에 대해 간단히 설명해보자.

막을 만들고 있는 것은 인지질이라 불리는 지질인데, 이것은 머리와 꼬리가 있는 구조다. 머리에 해당하는 부분은 친수성이

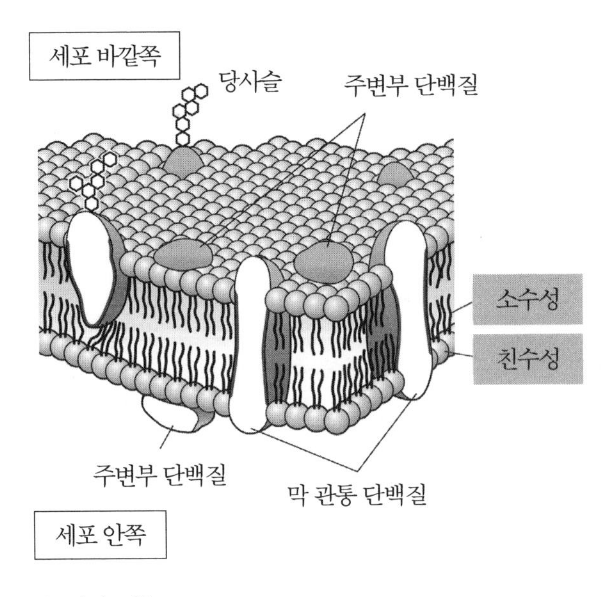

그림 4-2 세포막의 모형도

라 물에 친숙해지기 쉬우며, 꼬리 부분은 소수성이다. 소수성 부분만 모이려고 하는 성질이 있는 것은 아미노산의 경우에서 본 것과 똑같다. 그래서 지질의 친수성 부분이 물에 접하는 쪽에 놓이고, 소수성 부분이 그 안쪽에 놓이면 소수성 부분은 물과 만나지 않는다. 이렇게 배열한 이중의 구조, 이것이 모든 막의 기본 구조이다(그림 4-2). 세포를 환경에서 격리하고 있는 표면의 막이든, 미토콘드리아나 소포체 같은 세포소기관의 막이든 기본 구조는 똑같으며, 인지질이 이중으로 되어 있으므로 지질이중층(脂質二重層) 등으로 부른다.

'채널'을 만드는 막단백질

모형 그림에서도 알 수 있듯이 이 막은 글자 그대로 물도 통과시키지 않을 정도로 빽빽하게 인지질이 늘어서 있다. 100제곱나노미터(한 변이 10나노미터인 마름모)에 2만 개의 인지질이 늘어서 있다고 하는데, 구체적으로 상상하기는 좀 어렵다.

한편으로, 이 막 구조는 대단히 유동성이 크며, 성질은 비눗방울을 상상하면 된다. 비눗방울이 여러 가지 모양으로 부풀거나 다른 비눗방울과 달라붙어서 하나가 되듯이, 막도 다이내믹하게 모양을 바꾸거나 다른 막과 융합하여 하나가 되어버리기도 한다.

이 인지질의 이중층 안에는 다양한 단백질이 묻혀 있으며, 자유롭고 역동적으로 이리저리 돌아다니고 있다. 이것들을 막단백질이라고 부른다. 일부만 막 안에 삽입되어 있는 것, 단순히 표면에 달라붙어 있는 것(주변부 단백질), 또는 지질이중층을 뚫고 들어가고 있는 듯한 단백질(막 관통 단백질)도 있다. 관통하고 있는 것 중에서도, 한 번만 막을 관통한 것이 있는가 하면, 한 줄의 폴리펩티드가 막을 여러 번 관통하고 있는 것도 있다(그림 4-2).

막 관통 단백질은 세포의 밖과 안을 연결하는 것으로서 중요하다. 세포 밖에서 다양한 신호를 받아들여 세포 안으로 전달하는 많은 수용체(리셉터)가 이런 막 관통 단백질이다. 또한, 여러 번 막을 관통하고 있는 단백질은 막 관통 부위가 모여서 가느다란 채널, 즉 터널 역할을 하는 경우도 있다. 물질이 빽빽하게 늘어서 있는 인지질 틈새를 통과하기란 대단히 힘들지만, 예를 들어 폴리펩티드나 칼슘 이온(Ca^{2+}), 또는 물분자 등은 어떤 형태로든 막을 통과해야만 한다. 그때 이용되는 것이 이 채널이며, 채널을 만드는 데에도 막단백질은 중요한 역할을 하고 있는 것이다.

신호 가설

막 투과 메커니즘을 폴리펩티드가 소포체의 막을 통과해가는 과정을 예로 들어서 알아보자. 록펠러대학의 생물학자 귄터 블로벨(G. Blobel)은 1980년대 초에 '신호 가설'을 제창했다. 분비 단백질이나 막단백질은 일단 모두 소포체로 들어가고, 거기서 골지체를 통과하여 세포 표면으로 수송되는데, 새로 만들어진 폴리펩티드가 어떻게 해서 소포체로 들어가는지를 밝힌 것이 블로벨의 신호 가설이었다(그는 그 가설로 1999년에 노벨생리의학상을 받았다). 그림 4-3은 그 이후의 정보를 더해 그림으로 나타낸 것이다.

여기서 중요한 것은, 폴리펩티드가 통과하는 막의 채널은 미세한 구멍이므로 접혀서 구조를 갖춘 단백질은 통과할 수 없으며 폴리펩티드인 채로 통과할 필요가 있다는 점이다. 만약 이

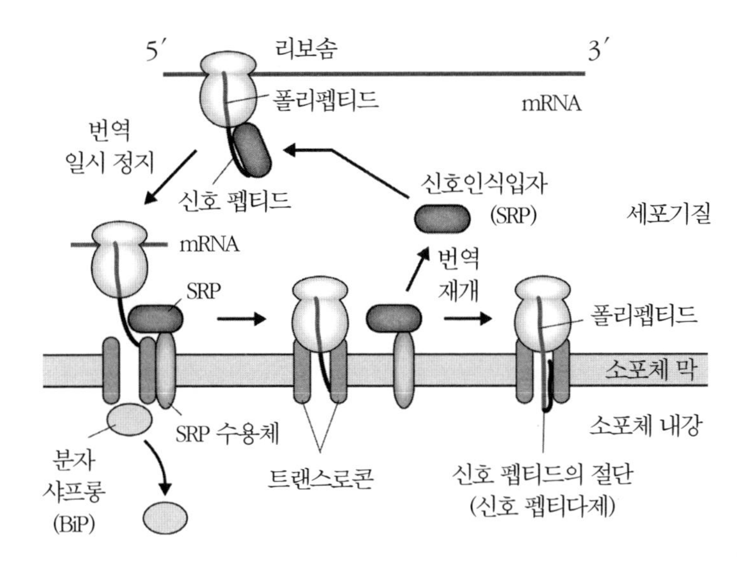

그림 4-3 신호 가설과 소포체 막 투과

때, 세포기질 안에서 먼저 기다란 폴리펩티드를 모두 합성해버리면, 작은 구멍을 통과하기는 더더욱 어려워진다. 바늘귀에 실을 꿸 때를 생각해보면 알 수 있듯이, 길게 늘어진 실을 바늘귀에 그대로 꿰려 하면 끝이 나풀거려 고정되지 않거나 도중에 뭉쳐버리거나 매듭이 지어져버리는 등 꿰기가 쉽지 않다.

그러므로 폴리펩티드가 리보솜에서 나오면 일단 합성을 멈추고, 그 상태로 소포체에 있는 채널(이것을 트랜스로콘translocon이라 부른다)까지 리보솜째로 운반하여 폴리펩티드를 트랜스로콘에 밀어넣듯이 삽입하는 전략이 취해지고 있다. 이것은 폴리펩티드의 소포체로의 수송과 번역이 동시에 이루어지는 시스템 이므로 동시번역수송(co-translational transport)이라 부른다.

동시번역수송 – 바늘귀 꿰기의 묘기

리보솜에서 mRNA 정보를 토대로 폴리펩티드가 번역되기 시작한다. 이때 신호 배열이 등장한다. 소포체로 가야 하는 폴리펩티드를 읽기 시작하는 부분, 즉 N말단에는 '소포체로 가세요'라는 수신처가 적혀 있다. 이 수신처는 열 몇 개에서 스물 몇 개의 소수성 아미노산이 연결된 배열로 되어 있다. 이것을 신호 배열, 또는 신호 펩티드라고 한다.

리보솜의 구멍에서 신호 펩티드가 나오면, 이 소수적인 펩티드는 즉시 '신호인식입자(Signal Recognition Particle=SRP)'라는 단백질에게 인식되어 체포당한다. SRP에 결합함으로써 폴리펩티드의 합성은 일단 정지되며, 이 상태로 소포체의 막에 있는 SRP를 인식하는 수용체와 결합한다(그림 4-3). 바늘귀에 실을 꿸 때, 잡고 있는 손가락 끝에 실을 약간만 나오게 하여 바늘귀에 가까이 가져갈 것이다. 실의 끝이 너무 길면 바늘귀에 잘 꿰어지지 않는다. 그런 이미지를 상상하면 된다.

SRP가 SRP 수용체에 달라붙으면 SRP는 신호 펩티드에서 떨어져나가고 다시 폴리펩티드 합성이 시작된다. 이때 SRP에 의해 끌려온 폴리펩티드는 트랜스로콘의 채널에 머리를 들이밀며, 그런 다음 리보솜이 트랜스로콘 위에 "앉은" 채로 번역을 계속하면, 폴리펩티드는 소포체 안으로 스르륵 밀려간다. 신호 펩티드는 리보솜을 트랜스로콘이 있는 곳까지 유도하는 데 필요했을 뿐, 더 이상은 필요 없으므로 신호 펩티다제라는 절단효소로 잘려서 기능에 중요한 폴리펩티드 부분만 소포체 안으로 들어가게 된다. 그야말로 간단하고 대단히 유효한 수송법이라고 감탄하지 않을 수 없다.

이것만으로도 충분히 잘 만들어진 시스템인데, 원활한 진행을 위해서 한 술 더 뜬 경우가 몇 가지 있다. 하나만 소개하면, 소포체의 안과 밖은 칼슘 등의 이온 농도나 산화환원 등의 환경이 완전히 다르기 때문에 채널의 구멍이 열린 채로는 그것들의 이온이나 산화환원 환경을 유지할 수 없어 세포는 죽어버린다. 그래서 리보솜이 채널에 오기 전에는 BiP라는 소포체 분자 샤프롱이 안쪽에서 뚜껑을 덮어서 저분자 물질의 출입을 막고 있다. 채널의 세포기질 쪽에 리보솜이 앉아서 뚜껑을 덮으면, 더 이상 마개를 할 필요가 없어지므로 내강(內腔) 쪽에서는 BiP가 떨어져나가 내부로의 길이 열리는 것이다.

거의 모든 분비단백질은 이런 시스템으로 소포체 안으로 수송된다. 막단백질은 신호 펩티드 이외에 폴리펩티드 내부에 다른 소수성 아미노산 클러스터가 존재하는데, 번역 후에 그 부분은 소포체의 막의 지질이중층에 편입되며, 서로 소수성이므로 안정적으로 존재하게 된다. 이때 트랜스로콘의 채널(구멍)은 막 안에서 일부가 문처럼 열려서 합성 도중의 소수성 아미노산 부분을 지질이중층으로 밀어낸다고 한다. 이리하여 소포체 막에 편입된 막단백질은 막과 함께 세포 표면까지 수송되어 신호 수용체나 채널 등의 기능을 하게 된다.

당사슬의 부가 – 단백질의 화장 지우기

트랜스로콘을 통해 소포체 안으로 들어온 단백질은 리보솜에서 나온 폴리펩티드와 마찬가지로 아직 접히지 않은 신생 사슬이다. 이것을 올바르게 접어서 기능형으로 만들어야 한다. 이 과정에는 3가지 반응이 중요하다. 폴리펩티드에 당사슬을 부가 또는 제거하는 과정, 아미노산 중에서 시스테인끼리 결합시키는 과정(이황화결합, 93쪽 참조), 그리고 분자 샤프롱에 의한 접힘이 그것이다.

당이라고 하면 바로 설탕이 떠오를 것이다. 설탕은 통칭이며 화학적으로는 자당(蔗糖, 수크로오스sucrose)이라고 하며, 포도당(glucose)과 과당(fructose)이라는 단당류 2개로 이루어진 분자다. 세포 내에는 포도당 이외에도 여러 종류의 당이 존재한다. 소포체로 들어온 폴리펩티드에는, 그중에서 아스파라긴이라는 아미노산에, 2개의 N-아세틸글루코사민(N-acetylglucosamine), 9개의 마노스(mannose), 그리고 3개의 포도당이라는, 전부 해서 14개의 당이 이어져 있는 것이 한꺼번에 부가된다. 아스파라긴

(한 글자로 표기하면 N)에 결합하기 때문에 'N결합형 당사슬'이라 불린다. 대부분의 분비단백질이나 막단백질에는 N결합형 당사슬이 부가되어 있으며 단백질이 안정적으로 기능하는 데 중요한 작용을 한다.

소포체 안에서의 접힘

소포체에서의 신생 단백질 접힘에도 분자 샤프롱은 중요한 작용을 한다. 소포체에서 작용하는 대표적인 샤프롱으로 칼넥신(calnexin)이 있는데, 칼넥신은 막단백질이며 접힘할 때 당사슬을 인식하여 작용하는 특징이 있다.

칼넥신은 맨 처음에 달라붙은 당사슬에서 소포체 안의 효소에 의해 포도당 2개가 잘려나간 것, 즉 포도당이 1개만 있는 당사슬을 인식한다. 폴리펩티드는 칼넥신의 도움을 받아 접히는데, 마지막 하나 남은 포도당이 역시 효소에 의해 잘려나가면 포도당을 갖지 않은 폴리펩티드는 칼넥신에서 떨어져나간다. 당사슬이 샤프롱에 의한 인식의 신호가 되어 있는 것이다(그림 4-4).

여기서 폴리펩티드가 올바르게 접히면 이것으로 완성되어 단백질로서 골지체로 운반된다. 그러나 충분히 접히지 않았을 때는 포도당이 다시 부가되어 다시 한 번 칼넥신에 인식된 접힘을 한다. 소포체에서는 칼넥신만 샤프롱으로 작용하는 것은 아니

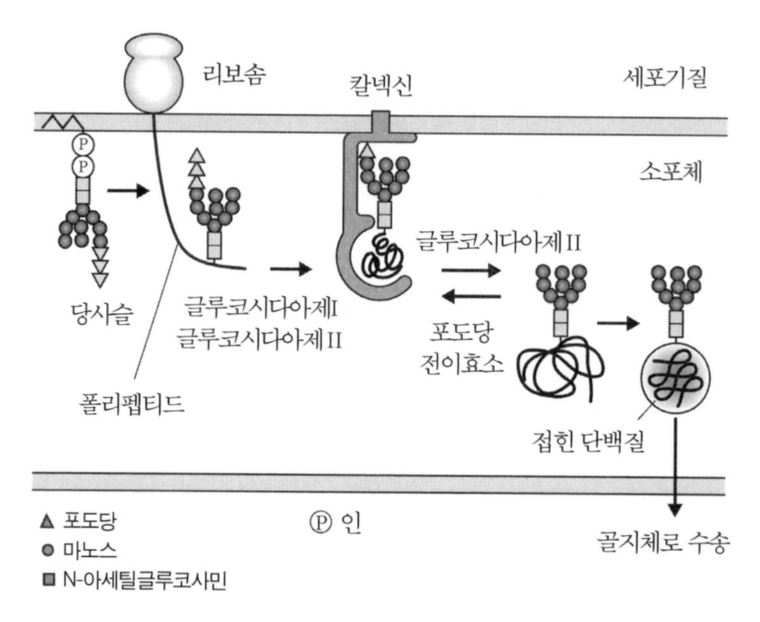

그림 4-4 칼넥신에 의한 접힘

지만 이것이 당사슬의 상태를 모니터링하면서 폴리펩티드의 접힘을 촉진시키는 신기하고 정교한 시스템이라는 것을 알 수 있을 것이다.

클립으로 고정 – 이황화결합 형성

올바른 접힘을 지탱하는 또 하나의 중요한 반응은 시스테인끼리의 공유결합이다. 폴리펩티드는 한 줄의 끈이다. 접힌 다음에는 수소원자 사이에서 작용하는 약한 힘(수소결합)이나 아미노산이 갖고 있는 플러스-마이너스라는 각각의 전하 사이에서 작용하는 정전기적 상호작용(이온결합), 그리고 소수성 아미노산 잔기(殘基) 사이의 소수성 상호작용에 의해 구조를 유지하려 한다. 그러나 이들은 약한 힘이며, 좀 더 꽉 붙잡아두지 않으면 풀려버리기 쉽다. 그래서 끈이 풀리지 않도록 클립으로 고정시키려 하게 된다.

여기서 등장하는 것이 이황화결합이라는 공유결합인데, 이온결합이나 수소결합에 비해 현격하게 강력한 힘으로 원자들을 묶는다. 시스테인을 어떤 위치에서, 얼마나 함유하고 있는가는 단백질의 종류에 따라 제각각이지만, 그들 시스테인 동료가 공간적으로 가까운 위치에 오면 효소에 의해 시스테인에 함유된 황 원자 사이에 공유결합이 형성된다. 이것은 산화반응에 의해 만들어진 것으로, 강력한 환원 상태에 놓이거나 환원 효소가 없는 이상 결합이 끊어지지 않는다. 이렇게 만들어진 이황화결합은 접힌 폴리펩티드가 풀려버리지 않도록 클립 또는 납땜한 철사줄처럼 폴리펩티드끼리 꽉 묶어줌으로써 단백질의 구조 유지에 중요한 작용을 하고 있다.

세포의 '안이 되는 외부'

이렇게 해서 소포체에서 올바른 구조를 획득한 단백질은 소포체에서 골지체로 수송된다. 소포체로 수송될 때는 막을 통과하는 수송, 즉 막 투과이며 신호로 말하면 '엽서형'이었는데, 소포체에서 골지체로 수송될 때는 '소포형'의 '소포(小胞) 수송'이라는 방법이 이용된다. 수신처는 소포에 꼬리표로 붙여지며 몇 개의 화물(카고)을 한꺼번에 담아서 운반할 수 있다.

그런데, 지금까지 세포의 '안과 밖'이라고 말해왔는데, 세포의 안에도 밖이 있다는 것을 알고 있는가? 말장난 같지만, 그것이 실제로 있다. 당신의 위장 안은 당신의 밖인가 안인가, 하는 질문을 받으면 잠시 생각해보고 위장 안은 외부라고 대답할 것이다. 입은 외부를 향해 열려 있으며 식도, 위, 소장, 대장, 항문까지, 우리의 신체는 내부에 '외부'를 껴안고 있다.

그림 4-5에 있듯이 소포체는 애초에 핵 주위의 핵막이 늘어나서 생겨난 것이다. 제1장에서도 살펴보았지만 핵막이란 원래 핵이 없었던 원시세균의 세포막 일부가 잘록해져 안쪽으로 파고들어가서 생긴 것이었다(48쪽 그림 1-7 참조). 이 핵막의 일부가 늘어나서 몇 겹으로 겹쳐진 그물눈 같은 구조를 갖추게 된 것이 소포체이다.

밖과 안을 분류하여 보면 분명해지는데, 핵막의 외막과 내막 사이의 공간은 세포의 외부에 해당한다. 외막의 일부가 늘어나서 만들어진 소포체도, 그 내부는 세포의 외부에 해당하는 것이다. 따라서 앞에서 보았던 것과 같은 소포체의 막 투과에 의한 단백질의 수송은 사실은 세포의 내측에서 외측의 물질 수송에 대응했다는 것이 된다. 소포체의 내강에 들어가버리면 단백질

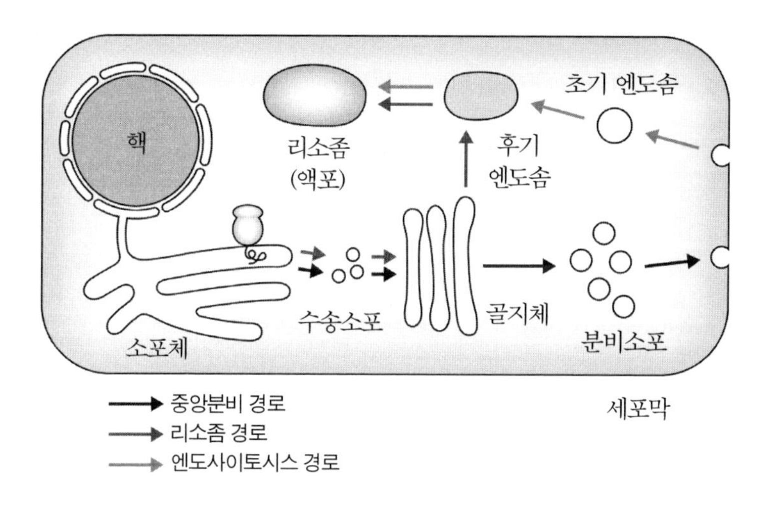

그림 4-5 중앙분비 경로와 엔도사이토시스 경로

은 위상학적으로는 이미 세포의 밖에 있는 셈이 된다.

자, 소포체에서 다음으로의 수송 과정은 기본적으로 소포(小胞) 수송이 되며, 이것은 소포의 내측에 〈외부〉를 품고, 그 〈외부〉를 차례차례 오롯이 수송해가는 작업이다. 소포체로 들어간 단백질은 그 시점부터는 순차적으로 〈외부〉를 이행해가는 것이 된다.

소포체의 막이 잘록해져서 떨어져나와 흩어져서 작은 소포(小胞)가 되는데, 골지체의 막은 이 소포의 막과 융합하여 자신의 막 안에 소포 안의 화물을 집어넣는다. 따라서 골지체의 막의 내측도 마찬가지로 세포의 〈외부〉이다. 골지체는 154쪽 그림 4-7과 같이 여러 층으로 되어 있으며, 화물은 그곳을 순차적으로 이동해 가는데, 이 층 안도 물론 쭉 세포의 〈외부〉이며, 여기에서부터 다시 막이 잘록해져서 만들어지는 분비소포의 내측도 〈외부〉이다. 최종적으로 분비소포가 세포의 맨 바깥쪽에 있는 세포막과 융합하여 밖으로 열린다, 이렇게 하여 진정한 '세포의 밖'으로 나가게 된다(그림 4-5의 리소좀 경로, 엔도사이토시스endocytosis 경로에 대해서는 뒤에 설명한다).

'소포형'의 꼬리표 – 택배의 편리함

소포체에 들어가기까지는 단백질 자체에 수신처가 적혀 있었지만, 그 이후의 수송은 '이 다음은 알아서 하세요' 방식이다. 개개의 단백질은 소포로 포장되고, 봉지에 적힌 행선지로 일괄 수송된다.

세포 안에는 막으로 둘러싸인 수많은 세포소기관이 있으므로 잘못 가지 않도록 수신처를 정해둬야 한다. 그것을 위한 꼬리표로 작용하는 것이 두 종류의 막단백질 v-SNARE(v-스네어)와 t-SNARE이다. v-SNARE의 v는 소포(小胞)라는 뜻의 영어(vesicle)의 머리글자인데, 이것이 행선지를 정하는 수신처 이름이다. t-SNARE의 t는 타깃(target)의 t이며, 소포의 행선지인 세포소기관에 붙어 있는 번지수 또는 문패를 생각하면 된다.

소포 수송을, 소포체에서 골지체까지 수송을 예로 들어 설명해보자. 먼저 소포체의 막이 잘록해져서 소포를 만든다. 이것을 출아(出芽)라고 한다. 출아를 할 때는 꼬리표가 되는 v-SNARE가 소포의 막에 편입되며, 그중 일부는 꼬리표로서 소포의 표면에 노출되어 있다. 물론 소포가 만들어질 때는, 그 내부에 화물(수송되어야 할 단백질)이 포장된다. 출아한 소포는 자신이 갖고 있는 꼬리표에 합치하는 번지수 · 문패를 갖고 있는 막을 만나면, v-SNARE, t-SNARE의 1대 1 결합을 통해 번지수가 맞는지 확인한다. 번지가 맞는 것을 확인하면 2개의 비눗방울이 하나가 되도록 소포의 막이 타깃의 막과 융합하여 하나가 된다. 소포의 내용물은 행선지인 세포소기관, 이 경우라면 골지체의 막 안으로 운반되게 된다.

이 v-SNARE와 t-SNARE 쌍은 각각의 막마다 여러 가지가 있으며 어떤 막을 타깃으로 하는가에 의해, 어떤 v-SNARE와 t-SNARE을 사용할 것인지도 정해져 있다. 확실하게 1대 1 확인이 가능하게끔 꼬리표로서 기능하고 있는 것이다. 실제로 세포 안에는 세포소기관의 다양성에 대응하여 현재 30종류 이상의 SNARE 단백질이 있는 것으로 여겨진다.

화물 수송 레일과 모터 단백질

목적지는 이렇게 확인할 수 있는데, 거기에 도달하는 동안에도 소포는 마냥 둥둥 떠 있지는 않으며, 되도록 빨리 목적지에 도착하기 위해 레일과 화물차를 이동수단으로 이용하고 있다.

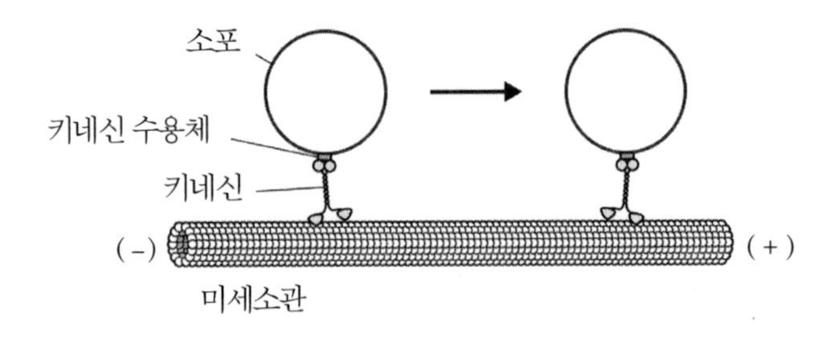

그림 4-6 모터 단백질의 작용

세포 안에는 레일 역할을 하는 미세소관이라는 섬유가 가로 세로로 뻗어 있으며 그 위를 모터 단백질이 화물인 소포를 싣고 달린다(그림 4-6). 고도로 발달한 운반 인프라가 갖춰져 있는 것이다.

세포 안에는 굵기가 다른 세 종류의 섬유가 뻗어 있다. 가장 가느다란 것이 지름 6나노미터 정도의 미소섬유[마이크로필라멘트-단백질 액틴이 중합(重合, 한 화합물의 2개 이상의 분자가 결합해서 분자량이 큰 새로운 화합물을 생성하는 일)하여 두 줄의 나선 구조를 취한 것]이며, 가장 굵은 것이 미세소관이다. 미세소관은 튜불린(tubulin)이라는 단백질이 고리를 만들면서 길게 이어져 있다(그림 4-6). 미세소관의 지름은 약 25나노미터이다. 그 중간에 해당하는 것이 지름 10나노미터인 중간섬유(intermediate filament)이다.

미세소관에는 마이너스와 플러스라는 방향성이 있으며, 이

위를 모터 단백질이 달린다. 이 수송 시스템에서 수송로는 바둑판 모양이 아니라 광장이나 터미널 방식이다. 터미널에 해당하는 것이 핵 가까이 있는 중심체(미세소관 형성 중심)이며, 미세소관은 중심체에서 방사상으로 뻗어 있다. 말하자면 '모든 길은 로마로 통하는' 셈이다.

세포 내에서는 중심체를 마이너스의 끝으로, 주변으로 뻗는 방향을 플러스의 끝으로 하듯이 미세소관이 배열된다. 일본의 모든 철도는 도쿄역을 기점으로 삼아 도쿄에서 지방으로 향하는 것을 하행, 도쿄로 향하는 것을 상행이라고 하는데, 세포에서는 플러스의 끝을 향하는 방향이 하행이 된다.

이 레일 위를 달리는 모터 단백질에는 키네신과 디네인이라는 두 종류가 있는데, 키네신은 마이너스 끝에서 플러스 끝 방향으로 이동하고 디네인은 그 반대 방향으로 달린다. 단, 키네신에는 많은 종류가 있으며 역방향으로 달리는 괴짜도 있다. 키네신과 디네인은 모두 머리(헤드)와 꼬리(테일)가 있으며, 언제나 2개의 분자가 2량체로서 기능한다. 무순 비슷하게 생긴 두 개의 머리로 미세소관에 결합하여 직립보행하듯이 걷는다는 설과, 양쪽의 머리가 미끄러져서 움직인다는 설이 있는데, 자세한 것은 아직 모른다. 꼬리에는 소포가 결합하여 화물을 소포라는 화물차에 싣고 레일 위를 달려간다는 것이 소포 수송의 이동 메커니즘이다.

세포 내 교통의 상행과 하행

키네신과 디네인은 그 방향성의 차이에서 세포 내 교통의 상하행을 분담하고 있다. 소포체로부터의 분비에서는 골지체 쪽으로 화물을 운반해가는 것은 키네신이고, 골지체에서 소포체로 역행 수송(뒤에 설명)하는 것은 디네인이다. 미토콘드리아나 리소좀 같은 세포소기관을 운반하기도 하며, 분비단백질의 최종 단계 화물인 분비소포를 세포 밖으로 운반하기도 한다. 또한 신경세포 중에는 기다란 돌기인 축삭(軸索)이 1미터나 되는 것도 있다.

각종 신경전달 물질을 만드는 것은 세포 중심부의 세포체인데, 화물을 내리는 것은 돌기의 끝 부분이어야 한다. 이 장거리 수송에도 키네신과 그 패밀리 단백질이 사용되고 있다. 같은 레일 위를 다른 모터 단백질이 역방향으로 달리는 경우도 있어서 각각 중심에서 주변으로, 주변에서 중심으로 물류를 지탱하고 있다.

최근에는 이 선로에 환승역까지 마련되어 있는 것 같다는 것까지 알려졌다. 세포의 가장자리 부분까지 가면, 이 미세소관의 레일에서 미소섬유인 액틴 섬유로 갈아타서 움직이는 소포도 있다고 한다.

이처럼 세포 안에는 레일이 사방에 깔려 있어서 세포의 중심에서 밖으로 향하는 화물차와 역방향으로 돌아오는 화물차가

서로 오가며 화물이 양방향으로 각각 수송되는, 참으로 잘 만들어진 인프라가 구축되어 있다. 참고로 '교통(트래픽)'이란 말은 과학용어로도 널리 쓰이며 「트래픽」이라는 학술지가 있을 정도다.

유통센터, 골지체

분비단백질이 다음으로 수송되는 장소인 골지체는 이른바 중계기지나 유통센터 같은 것으로, 여기서 화물이 분류되어 여기저기로 운반된다. 여기서 이루어지는 중요한 작업은, 당사슬을 깎아내거나 다시 붙이는 등 당사슬을 조정하는 것과 단백질을 농축하여 소포 안에 포장하거나 단백질을 목적지별로 선별하는 것이다.

골지 장치는 그림 4-7에서 보이듯이 층판 구조를 하고 있으며, 소포체에 가까운 것부터 순차적으로 시스(cis) 면, 중간(medial) 면, 트랜스 면이라 불린다. 골지체에서는 이 층판 구조를 이용하여 수송이 이루어진다. 소포체에서 온 수송 소포가 골지체에 도착하면 먼저 시스 골지의 막에 융합하여(정확하게는 시스 골지망이라는 시스 골지 이전의 구조가 있지만 자세한 것은 생략한다), 소포 내부의 짐은 시스 면의 내강(內腔)으로 들어간다.

골지체에서는 시스, 미디얼, 트랜스의 순서로 화물이 수송되는데, 이 골지 층판 사이의 수송도, 얼마 전까지는 소포 수송에

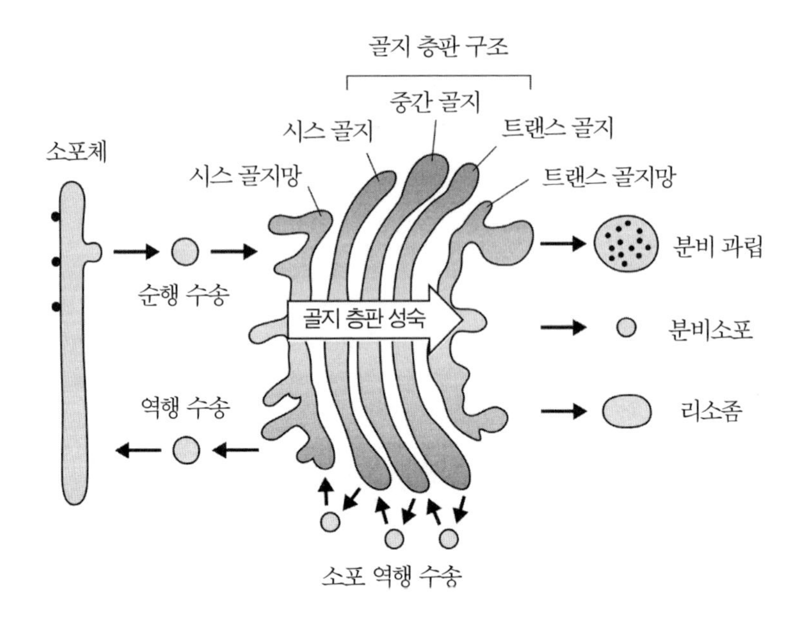

그림 4-7 골지체의 모식도

의한 것이라고 생각했다. 즉 시스 골지막에서 소포가 출아하여 미디얼 골지막에 융합하고, 다시 미디얼에서 출아하는 식이다. 그러나, 최근에 이 개념이 크게 달라졌다. 화물이 일단 시스 골지에 들어가면, 그다음에는 골지층판 자체가 성숙하여 소포 수송을 거치지 않고 층판 자체가 미디얼 골지, 트랜스 골지로 성숙해간다고 생각하게 된 것이다. 이것을 '골지층판 성숙 모델'이라 부르는데, 실험으로도 뒷받침되어서 이 모델이 정착되고 있다. 시스 골지에는, 그 앞에 있는 미디얼 골지에서 효소가 소포 수송에 의해 거꾸로 흘러들어온다. 그것에 의해 시스 골지가 미디얼 골지로 성숙하는 것이다.

떠밀리듯이 트랜스 골지로까지 '성숙'한 층판에서는 이번에는 다시 소포 수송에 의해 몇몇 세포소기관으로 수송이 이루어진다. 하나는 세포 표층으로의 화물 수송이다. 이것을 분비소포라고 부르는데, 분비소포가 세포 표층의 막과 융합함으로써 소포 안의 화물은 세포 밖으로 분비되게 된다. 내용물을 담은 채로 세포 안에 머무르고, 분비 자극에 반응하여 내용물을 세포 밖으로 방출하는 분비과립도 골지체에서 배송된다. 또한 골지체에서 리소좀이라는 단백질 분해센터로의 수송도 있다. 분해해야 하는 단백질이나, 분해를 위한 효소류 등이 이 경로로 리소좀에 운반되며, 리소좀에는 분해를 실행하는 분해효소가 저장된다. 골지체는 단백질의 도착지를 배분하는 배송센터이기도 하다.

골지체에서의 반송

한편 골지체에서의 수송에는 순방향 수송뿐 아니라, 골지체에서 소포체로 다시 운반하는 역행 수송도 존재한다.

역행 수송이 필요한 한 가지 이유는 막의 항상성 유지다. 소포체의 막은 소포 수송을 할 때마다 소포체에서 갈갈이 찢어져서 골지체에 공급된다. 소포체에는 막을 구성하는 인지질이 부족하고, 골지체에는 과잉 상태가 될 것이다. 해결책은 골지체의 막을 소포체로 다시 운반하는 것이다. 골지체에서 소포체로의 역행 수송은 막의 항상성 유지에 필수적이다.

다른 한 가지 이유는 세포의 '대충 일하기' 때문인 것 같다. 세포 밖으로 운반되어야 하는 분비단백질은 당연히 소포체에서 골지체로 수송되어야 하는데, 이것과 함께 소포체 안에서 작용해야 하는 단백질, 예를 들면 소포체 분자 샤프롱 등도 소포에 담겨 운반되어버린다. 화물이 대충대충 선별되어 화물과 함께 보내지지 않아도 되는 것까지 함께 포장되어버리는 것이다. 그러면 소포체 내부에서 작용해야 하는 단백질이 점점 고갈될 것은 불 보듯 뻔하다. 그런데 소포체 내강에서 작용하는 단백질에는 특별한 신호가 있어서 골지체에서 소포체로 반송되게 되어 있다. 대충 선별한 화물을 다음 과정에서 엄밀하게 체크하는 메커니즘으로 커버하려는 전략이다. 이와 같은 화물의 '대충 처리'와 그것을 커버하는 엄밀한 백업 시스템은 세포에서 종종 보이는 흥미로운 현상이다.

소포체에서 작용하는 단백질은 N말단에 신호 배열을 갖고 있는데, 한편으로 C말단(폴리펩티드를 다 읽은 부분)에 라이신(K)·아스파르트산(D)·글루탐산(E)·류신(L)(아미노산을 한 문자로 표기하면 KDEL이 되므로 KDEL 신호라고도 한다)이라는 '소포체 유지 신호'를 갖고 있다. 골지체의 막에는 이 신호를 인식하는 KDEL 수용체 단백질이 있어서, 이 수용체에 의해 KDEL 신호를 포착한 채로 소포체로 역행 수송되는 소포에 올라탐으로써 KDEL을 함유한 단백질은 소포체로 반송된다. 결국 신호 배열만 갖고 있는 단백질은 세포 밖으로 분비되어버리지만, 신호 배열 이외에 KDEL 배열을 갖고 있는 단백질은 소포체와 골지체 사이를 왔다 갔다 하여, 결과적으로는 소포체에서 작용할 수 있는 것이다.

화물을 선별할 때 엄밀하게 체크하는 것이 좋을까, 아니면 뭉뚱그려 포장하여 일단 수송한 뒤에 반송할 것은 반송하는 것이 좋을까? 에너지 효율 면에서는 전자가 좋을 것 같기도 하지만, 어쨌든 막의 지질 성분을 반송할 필요가 있다면 후자를 채택해도 되는 것이다. 또는 수송에 걸리는 시간을 단축하기 위해 한꺼번에 포장해버리고, 그런 다음에 불필요한 것만 천천히 반송하려는 전략일지도 모른다.

밖에서 안으로 – 엔도사이토시스

지금까지는 중앙분비계를 중심으로 세포의 밖으로 향하는 수송을 살펴보았는데, 실제 세포에서는 외부에서 물질을 반입하는 경우도 있다. 그 경우에는 먼저 세포막의 일부가 잘록해진다. 이렇게 잘록해지기 위해서는 막단백질끼리 상호작용하여 막을 구부릴 힘을 얻는다. 그리하여 구부러진 막의 끝이 서로 융합하면 그것은 소포가 되어 세포 안으로 들어간다. 이것을 엔도사이토시스라고 하는데(147쪽 그림 4-5) 이 단계에서 소포 내부는 사실은 세포의 외부이다.

엔도사이토시스에 의해 세포기질에 들어온 소포는 세포 내의 소포인 리소좀과 융합한다. 골지체에서 후기 엔도솜을 통과해 리소좀에 이르는 경로도 있으며 이들은 리소좀 경로라고 불린다. 리소좀에는 분해효소가 채워져 있어서 단백질이 분해된다. 세포 표면에 있는 각종 수용체는 그 리간드(신호분자)와 결합하면 엔도사이토시스에 의해 흡수되어 리소좀에서 분해되어버리는 것이 많다. 세포 표면까지 수송되어 수용체로서 신호를 세포 내로 전달하는 역할을 마치고 나면 분해하여 재이용되는 것이다. 엔도사이토시스에 의해 일단 흡수된 수용체가 다시 세포 표면으로 수송되어 고스란히 재이용되기도 한다.

세포가 스스로 만들어낸 단백질을 세포 표면막이나 세포 외로 분비하는 과정은 중요하지만, 그것의 뒤처리로서 그런 단백질을 다시 한 번 흡수하여 재이용하는 시스템 또한 세포에게 없어서는 안 되는 중요한 장치다. 이런 역방향 소포 수송에서도 SNARE 시스템이 꼬리표로 이용된다.

인슐린 분비

분비단백질의 수송 경로를 차례대로 살펴보았는데, 좀 더 구체적인 예를 들어 수송의 실제를 이미지로 파악해보자. 잘 알려진 2가지 분비단백질인 인슐린과 콜라겐을 예로 들어본다.

인슐린은 당뇨병과 연관되어 가장 잘 알려진 단백질 가운데 하나다. 인슐린은 췌장에 있는 랑게르한스섬의 β세포에서 분비되는 펩티드호르몬이다. 21개의 아미노산으로 이루어진 A사슬과 30개의 아미노산으로 이루어진 B사슬이 3개의 이황화결합으로 연결된 저분자단백질이다.

인슐린의 작용은 다방면에 걸쳐 있는데, 가장 잘 알려진 중요한 작용은 혈액 중의 당을 이용하거나 저장하기 위해 세포로 당을 흡수하는 촉진작용일 것이다. 음식을 섭취하면 탄수화물 등은 포도당으로 바뀌어 혈액 중의 당의 양(혈당값)은 상승한다. 이 혈당값의 상승을 감지하면 β세포는 인슐린을 급격히 분비한다. 이 펩티드호르몬은 혈액 속의 포도당의 세포 내로의 흡수를 촉진함으로써 혈당값을 조절하고 있는 것이다.

혈당값은 보통 1데시리터 중에 70~120밀리그램 범위에서 조절되고 있는데, 이 이상으로 혈당값이 올라가면 당뇨병이 될 위험이 있다. 당뇨병은 인슐린이 정상적으로 만들어지지 않거나 분비에 이상이 생겨 인슐린의 양이 부족해져서 발병하는 I형 당뇨병과, 인슐린은 분비되지만 그것이 효과가 없어지게 되어(인슐린 저항성) 발병하는 II형 당뇨병으로 나뉜다.

인슐린이 분비되는 과정을 알아보자(그림 4-8). 갓 만들어진 폴리펩티드를 프리프로인슐린(preproinsulin)이라고 한다. N말단에 신호 배열이 있으므로 분비계(소포체)에 들어가지만 C말

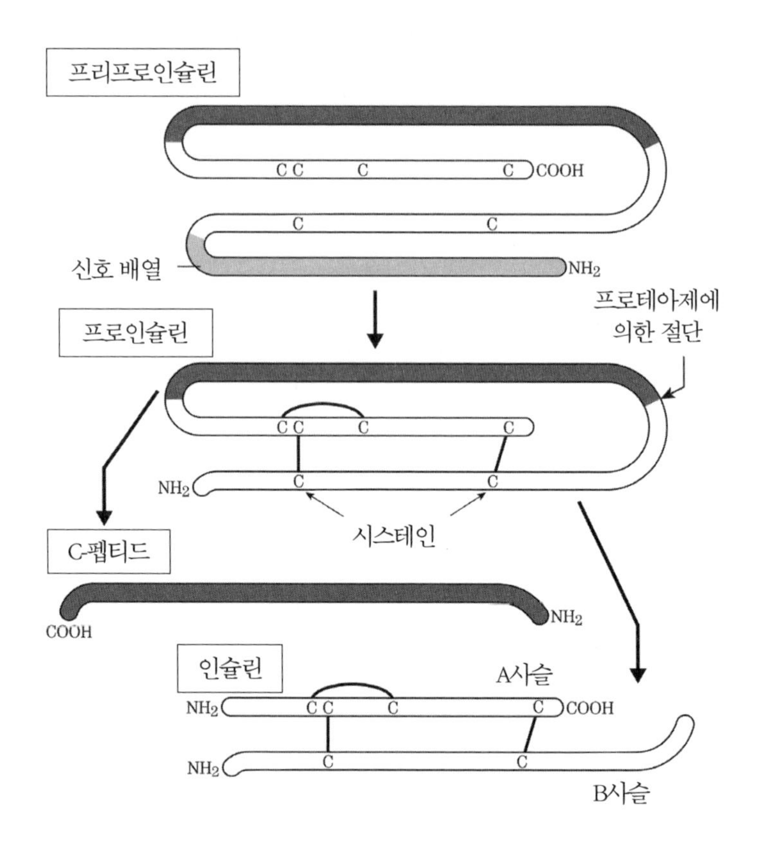

그림 4-8 인슐린의 번역 후 프로세싱

단에는 KDEL 배열이 없으므로 소포체에 머물지 못하고 세포외로 분비되는 분비단백질이다.

소포체에 들어가면 일단 신호 펩티다제(signal peptidase)에 의해 신호 배열이 끊어져서 프로인슐린이 된다. 다음으로 6개의 시스테인(C) 사이에 세 쌍의 이황화결합이 만들어지고, 이것이 골지체로 수송되면 프로테아제(펩티드 절단효소)가 작용하여 한 줄의 끈 모양이었던 아미노산의 연결이 두 군데에서 잘려서 C-펩티드라 불리는 부분이 제거된다. 그리하여 혈액 속에서는 남은 A사슬과 B사슬만이 인슐린으로 작용하게 된다. 일반적으로 한 줄의 끈이 두 군데에서 잘리면 세 조각으로 나뉘어버리는데, 여기서 두 개의 이황화결합이 클립으로서 효력을 발휘한다. 그림 4-8에서도 알 수 있듯이 C-펩티드를 제외한 두 줄의 조각은 이황화결합으로 연결되어 있으므로 한 개의 분자로 기능할 수 있는 것이다. 바로 이런, A사슬과 B사슬이 이황화결합으로 연결된 것이 인슐린으로서 혈액으로 분비되어 기능한다. 떨어져 나간 C-펩티드는 그 후 분해되어버리는데, 이 C-펩티드의 존재 이유와 기능은 아직 베일에 싸여 있다.

이와 같은 이황화결합은, 폴리펩티드가 번역되어 합성된 다음에 가능한 결합이므로 번역 후 변형이라 불린다. 인슐린의 이황화결합 형성은 필수적인 번역 후 변형이다. 뒤에서 이야기하겠지만, 아키타 생쥐라는 당뇨병의 모델 생쥐가 있다. 아키타 생쥐는 98번째 시스테인에 돌연변이가 생겨 이황화결합을 형성할 수 없으므로 인슐린이 제대로 분비되지 않아 당뇨병을 일으킨다. 번역 후 변형은 이황화결합에만 한정되지 않으며, 신호펩티드의 절단이나 당사슬의 부가 등 많은 것을 포함하며, 골지체에서 인슐린이 두 군데 잘리는 것도 '프로세싱'이라 불리는 번역 후 변형의 하나다.

콜라겐의 합성

다음으로 콜라겐을 알아보자(그림 4-9). 콜라겐은 인간의 몸에도 가장 대량으로 존재하는 단백질로, 전체 단백질 중량의 무려 3분의 1을 차지한다. 세포와 세포의 틈을 메우듯이 존재하는 결합 조직에는 I형 콜라겐, 상피세포를 바르게 배열시키기 위한 카펫 같은 기저막에는 IV형 콜라겐 등등, 조직별로 콜라겐의 형태가 다르며 현재 27형까지 알려져 있다. 양적으로나 기능적으로나 그만큼의 종류가 필요하다는 것이다.

I형 콜라겐 분자는 두 줄의 α1 사슬(폴리펩티드 사슬이다)과 한 줄의 α2 사슬, 합계 세 줄이 나선 모양으로 감긴 구조다. 인슐린과 마찬가지로 신호 펩티드를 갖고 있으므로 리보솜째 소포체로 운반되어 번역과 동시에 폴리펩티드는 소포체 안으로 삽입되어간다. 콜라겐은 각각의 사슬에 1,000개 이상의 아미노산이 연결되어 만들어진 대단히 기다란 분자인데, 맨 마지막의 C말단까지 읽힌 다음에야 비로소 C-프로펩티드라 불리는 C말단에 가까운 영역에서 세 줄의 사슬이 결합하여 세 줄 사슬을 형성한다. 왜 α1 사슬이 두 줄이고 α2 사슬이 한 줄로 2대 1을 이루고 있을 필요가 있는지는 아직까지 알려져 있지 않지만, C-프로펩티드 안에서 각각의 사슬 사이가 이황화결합으로 연결되고, 그 후 C말단에서 차례대로 세 줄의 사슬이 나선(헬릭스)을 감아간다.

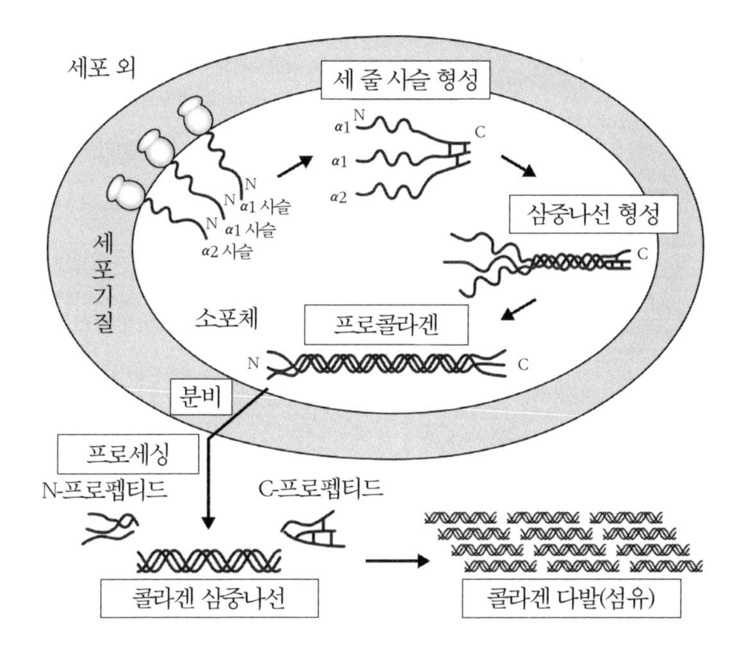

그림 4-9 콜라겐의 생합성

콜라겐의 삼중나선 부분의 아미노산 배열에는 두드러진 특징이 있는데, 기본적으로는 글리신-X-Y(X와 Y는 어떤 아미노산이든 가능하다)라는 3개의 아미노산이 길게 반복된다. I형 콜라겐의 경우에는 이 반복이 300회 이상 계속된다. X와 Y의 위치에는 프롤린(proline)이 오는 경우가 많으며 Y 위치에 오는 프롤린은 대개의 경우 수산화(수산기의 부가)되어 있다. 이 수산화는 삼중나선 구조를 안정시킨다. 이것들은 모두 번역 후 변형이다. 제대로 된 삼중나선 구조를 갖춘 분자만이 소포체에서 골지체로 수송되고 거기서 세포 밖으로 분비된다.

신호 펩티드가 끊어지기 전의 것은 프리프로콜라겐, 끊어진 후의 것은 프로콜라겐이라고 부르는데 이것에는 N말단과 C말단에 각각 N-프로펩티드와 C-프로펩티드라는 여분의 폴리펩티드가 여전히 붙어 있다. 이들 프로펩티드는 세포 밖으로 나가면 비로소 잘려나가고 삼중나선 부분만 남아서 콜라겐이 된다. 그런 다음 삼중나선 콜라겐 분자가 각각 조금씩 어긋나면서 다발을 만들고, 끝에 여백이 있는 곳에 다음 삼중나선이 연결되어간다. 이것이 콜라겐 섬유가 된다. I형 콜라겐은 이 콜라겐 섬유가 결합 조직을 종횡으로 달리지만(29쪽 그림 1-2 참조) IV형 콜라겐은 그물눈처럼 모여서 다른 단백질과 복잡하게 얽히면서 기저막이라는 막 구조를 만든다.

우리들 인간의 신체에 가장 많이 존재하는 단백질인 콜라겐은 이런 과정을 거쳐 비로소 합성된다. 콜라겐이나 몇몇 단백질은 세포 밖으로 분비된 후, 세포 밖에 축적되어 세포외기질(extracellular matrix)을 만든다. 콜라겐은 피브로넥틴(fibronectin)이나 라미닌(laminin) 등 분자량이 큰 단백질과 함께 세포외기질의 주성분을 이룬다.

콜라겐은 발생의 필수 단백질이므로 그것을 만들 수 없는 유전적 변이가 일어나면 태아는 태생치사(태아일 때 사망), 또는 출생 직후에 사망하는 일이 많다. 또한 콜라겐 분자 중에 돌연변이 등이 있으면 여러 가지 유전병이 나타난다. 골형성부전증은

뼈의 주성분인 I형 콜라겐에 변이가 일어나 뼈가 정상적으로 형성되지 못하는 병이다. 엘러스 단로스 증후군(Ehlers Danlos Syndrome)은 I형, III형 콜라겐 등에 이상이 생겨 혈관이 쉽게 망가지거나 피부가 이상하게 늘어나거나 손가락 관절 등이 반대쪽으로 구부러지기도 하는 병이다. 콜라겐은 유전병이 가장 많이 보고되고 있는 단백질 가운데 하나다.

여담이지만, 미용이나 건강에 효과가 있다고 하여 콜라겐이 들어간 건강식품 등이 많이 판매되고 있는데, 그것은 정말 효과가 있을까? 콜라겐을 섭취하면 그것이 그대로 콜라겐을 보충하는 것처럼 광고하는 것을 많이 보는데, 식품으로 섭취해봤자 그것은 소화기관을 통해서 일단 아미노산으로 분해된 다음에 영양소로 재이용되므로 콜라겐 모양 그대로 흡수되는 일은 있을 수 없다. 원료가 되는 아미노산을 체내에 늘리는 효과는 있을지 모르지만, 앞에서 이야기한 것과 같은 복잡한 과정을 일일이 거쳐서 콜라겐 섬유로 합성되지 않는 이상, 단백질로서 기능하지 못하는 것은 분명하다.

HSP47의 발견

앞에서 이야기한 콜라겐의 합성 · 분비 과정은 고전적인 것으로, 교과서에도 실려 있다. 그러나 이 고전적인 콜라겐 합성 과정에도 분자 샤프롱이 관여하고 있음이 밝혀졌다. 사실 이것은 내가 발견한 분자 샤프롱이다. 잠시 쉬어가는 느낌으로 이 샤프롱에 대해 이야기해보자.

1984년에 나는 미국의 NIH(국립보건원, 구체적으로는 NIH 안의 국립암연구소, NCI)에 객원 교수로 유학했다. 거기서 우연히 발견한 것이 나중에 HSP47이라고 이름이 붙여지는 단백질이다. 연구의 진전에는 우여곡절이 많았지만 자세한 이야기는 생략하고, 콜라겐의 수용체를 세포 표면에서 찾아내려고 시작한 것이 NIH에서의 연구의 발단이었다. 지금은 인테그린(integrin)이라 불리는 세포외기질 단백질의 수용체는 당시에는 전혀 알려져 있지 않았다. 콜라겐에 결합하는 단백질로서 찾아낸 이 단백질은 수용체가 아니라 소포체에 존재하는 단백질이었다. 다음으로, 열을 가하면 이것이 유도되는 것을 발견하여 열충격단백질의 일종임을 알아냈지만 기능을 밝히는 데 다시 10년이 걸렸다. 이 HSP47의 유전자를 클로닝하고, 거기에 HSP47을 만드는 유전자만을 녹아웃시킨(특정 유전자만을 인공적으로 파괴한) 생쥐를 만들고, 이것이 발생에 필수적인 유전자임을 확인하고, 심지어 콜라겐 합성에 관여하는 샤프롱이라는 것까지를 모두 증명한 것은 2000년이었다. 새로운 연구에는 오랜 시간이 걸린다는 것을 새삼 느끼지 않을 수 없다.

HSP47을 만드는 유전자를 녹아웃하면 콜라겐의 구조 이상 때문에 생쥐는 수정 후 10일쯤 지나면 태아인 채로 죽어버린다. 죽은 생쥐의 세포를 채취해 시험관에서 배양하여 콜라겐의 합성 상태를 조사해보니 올바른 삼중나선이 형성되어 있지 않았다. 굵은 콜라겐 섬유가 만들어지지 못하고 가지치기를 한 것처럼 가느다란 것밖에 만들지 못한 것이다. 이것은 I형 콜라겐의 이상 때문인데, HSP47은 I형뿐만 아니라 II형이나 IV형 콜라겐에도 필수이며, HSP47이라는 하나의 유전자만 파괴해도 II형 콜라겐을 주성분으로 하는 연골이나 IV형 콜라겐을 주성분으로 하는 기저막 등을 모두 만들 수 없게 된다. HSP47은 콜라겐의 올바른 접힘에 필수인 분자 샤프롱인 것이다.

발견 당시에는 전문가들도 HSP47이 '콜라겐에만 특이하게 작용하는 분자 샤프롱'이라는 것은 좀처럼 믿어주지 않았다. 그 무렵에는 '특정 단백질에만 작용하는 샤프롱'이라는 개념이 아직 없었던 것이다. '왜 특정 단백질에만, 그것 전용의 샤프롱이 필요한가' 하는 의문이다. 여기저기 국제학회에 불려가서 강연은 했지만 그것이 분자 샤프롱이라는 것은 좀처럼 인정받지 못해 서운했다. 그 후 '기질 특이적인', 즉 특정 단백질에만 작용하는 샤프롱이라는 개념이 정착하여 제1호로서 HSP47도 마침내 교과서에 실리게 되었다.

발견한 지 20년이 지났다. 내가 알아낸 것은 극히 소소하다고 생각하는 한편으로, 아무리 시간이 많이 걸리더라도 스스로 찾아낸 유전자 · 단백질 연구를 계속할 수 있음에 다시 한 번 행복을 느낀다. 처음 발견된 유전자의 연구 속도는 더딜 수밖에 없다. 아무래도 세계적으로도 연구자 수가 극히 적기 때문이다.

그러나 남을 따라하지 않고 연구의 정체성을 확립해가는 것은 연구의 속도보다 오히려 중요하며, 그것이 연구의 묘미이기도 할 것이다.

분자 샤프롱과 질병

지금은 많은 곳에서 HSP47 유전자를 연구하고 있으며, 특히 임상계 연구자들이 주목하고 있다고 한다. 간경변이나 폐섬유증, 동맥경화, 켈로이드라는 '섬유화 질환'은 콜라겐이 비정상적으로 축적되는 병이며, 현재로서는 유효한 치료법이 없는 난치병 중의 난치병이다. 간경변은 콜라겐이 간에 비정상적으로 축적되는 병이다. 간질성 폐렴이 진행되면 폐섬유증에 이르는데 이것도 콜라겐의 축적이 불러일으키는 병리이며 호흡곤란을 일으킴과 동시에 예후가 극히 나쁘다.

우리 연구팀은 이들 병에서 HSP47이 급격히 유도되는 것을 밝혀냈다. 콜라겐을 만드는 데 HSP47이 필요하여 유도되는 것인데, 이 경우는 콜라겐의 비정상적인 합성과 축적을 돕고 있다. 즉 우리의 건강에는 해악이 되는 것이다. 그것을 역이용하면 병의 치료법도 되리라 기대된다. 요컨대 어떤 방법을 통해 HSP47 합성을 억제함으로써 섬유화 질환을 다스리거나 치료할 수 없을까, 하는 전략이다. 우리 연구팀은 HSP47의 합성을 억제하는 방향과 HSP47이 콜라겐과 소포체 사이에서 상호작용하는 것을 저해하는 방법을 통해서 이 병의 치료법에 접근하려고 시도하고 있다. 실제로 생쥐의 신섬유화(腎纖維化) 모델에서는 HSP47의 발현을 억제함으로써 섬유화 진행이 더뎌진다고 이미 보고되어 있다.

미토콘드리아로 수송

이번 장에서는 '단백질 수송의 세포 내 인프라'를 설명했다. 이제 마지막으로, 미토콘드리아로의 전송과 핵으로의 전송을 살펴본다.

먼저 미토콘드리아를 보자. 미토콘드리아는 동물세포의 경우 하나의 세포에 100~2,000개 존재하며, 각 미토콘드리아는 자신의 내부로 단백질을 운반해 넣는 방법을 독자적으로 갖추고 있다. 미토콘드리아에는 외막과 내막이 있으며, 제1장에서 이야기했듯이 내막의 단백질 일부는 미토콘드리아 DNA가 정보를 담당하고 있지만, 외막의 단백질을 비롯한 미토콘드리아 전체의 단백질 대부분은 숙주세포의 DNA에서 만들어져 공급받고 있다. 공생을 시작하여, 그것들의 유전자를 숙주에 의존하게 되었기 때문이다. 그러므로 세포기질에서 미토콘드리아 내부로의 단백질 수송 인프라 정비가 중요한 문제로 떠오른다.

내막의 단백질은 미토콘드리아 DNA가 만들기는 하지만 미토콘드리아 자체가 게으름뱅이라 mRNA를 만들기 위한 전사

장치도, 단백질로 번역하기 위한 리보솜도, 모두 핵에서 유래한 단백질에 의존하고 있다. 이제는 핵에서 단백질이 공급되지 못하면 미토콘드리아의 생존은 불가능하다.

미토콘드리아는 막으로 감싸여 있으므로(43쪽 그림 1-6 참조) 그 수송이 막 투과라는 것은 소포체의 경우와 다르지 않다. 그러나 소포체의 막 투과 수송이 폴리펩티드의 번역과 동시에 일어나는 데 비해서, 미토콘드리아에서의 막 투과 수송은 폴리펩티드의 합성을 모두 마친 다음에 이루어진다. 이 수송은 번역이 끝난 다음의 수송이므로 '번역 후 수송'이라고 부른다. 미토콘드리아는 나중에 세포 안에서 공생하기 시작했으므로 소포체와 같은 효율적인 시스템을 만들어내지 못했기 때문일지도 모르겠다.

미토콘드리아의 막에도 채널이 존재하며 이 채널 사이를 모든 합성이 끝난 폴리펩티드가 통과해간다. 그러나 막 투과 이전에 접혀버리면 가느다란 채널을 통과할 수 없다. 그래서 분자 샤프롱이 폴리펩티드에 결합하여 세포기질에서는 한 줄 끈 모양의 폴리펩티드를 유지하고 있다. 요컨대, '구조를 갖지 못하게 하기' 위해서도 분자 샤프롱이 작용하고 있는 것이다. 분자 샤프롱은 구조의 형성(접힘)에도 이바지하며, 때로는 구조를 푸는 일(언폴딩)에도 이바지한다.

안으로 끌어당기는 래칫

미토콘드리아로 수송되는 단백질의 경우도 막 투과이므로 '미토콘드리아로 가라'는 신호가 필요하다. 이 신호도 역시 폴리펩티드의 N말단에 붙어 있다. 미토콘드리아 외막의 채널 근처에는 신호 펩티드의 수용체로 작용하는 단백질이 있으며, 폴리펩티드는 이 채널을 통해 미토콘드리아로 수송된다. 최종적으로 외막으로 향하는 단백질, 내막으로 향하는 단백질, 미토콘드리아의 내부(기질이라고 한다)로 향하는 것, 또는 내막과 외막 사이의 막간 공간에서 작용하는 것 등 몇 가지 경로가 있으며 각각의 단백질 종류에 따라 분류된다.

소포체로 수송하는 경우는 리보솜이 밀어내는 힘에 의해 폴리펩티드는 소포체 내강으로 강제로 밀려들어가는데, 미토콘드리아의 경우는 이미 리보솜과는 떨어져 있으므로 밀어 넣을 힘이 없다. 좁은 채널의 구멍을 통과할 때, 밀어 넣을 힘이 없는 것은 대단히 불안정하다.

여기서 작용하는 것이 미토콘드리아 안의 샤프롱인 mtHSP70(mt는 미토콘드리아를 나타낸다)이다. HSP70은 세포기질의 대표적인 샤프롱인데, 그것의 동료가 소포체나 미토콘드리아에도 존재한다. mtHSP70은 미토콘드리아 안으로 들어온 폴리펩티드에 결합하여 들어온 폴리펩티드가 다시 튀어나가지 않도록 제동장치로 작용한다. 폴리펩티드 자체는 채널의 안쪽과 바깥쪽 양 방향을 왔다 갔다 하거나 브라운 운동(분자의 요동)을 하고 있는 것으로 여겨지는데, mtHSP70은 역방향 움직임만을 억제할 수 있다. 폴리펩티드를 붙잡은 채로 잠시 브라운 운동을 하는 사이에 폴리펩티드는 조금 더 막의 안쪽으로 들어간다. 그때 새롭게 안으로 들어온 부분을 다른 mtHSP70이 붙잡으면 그 부분보다 반대쪽으로는 돌아갈 수 없게 된다. 전체적으로 보면, 조금 전보다는 폴리펩티드를 내부로 끌어당긴 셈이 되는 것이다.

이런 작동 모델을 브라운 래칫(Brownian ratchets) 모델이라고 한다. 래칫은 한쪽 방향으로만 도는 톱니바퀴다. 시계 내부를 보면 잘 알 수 있는데, 톱니바퀴에 일정한 간격마다 멈춤쇠(제동장치)가 맞물려 역회전을 방지하는 장치이다. 이 경우의 mtHSP70도 마찬가지로, 안으로 들어온 폴리펩티드를 들어올 때마다 붙잡고 제동을 걸어 역류를 억제함으로써 결과적으로 안으로 끌어당기는 작용을 하고 있는 것이다. mtHSP70과 폴리펩티드의 결합해리에는 ATP의 가수분해가 필요하다.

이렇게 끌려 들어온 폴리펩티드는 미토콘드리아 안에서 다시 분자 샤프롱의 도움을 받아서 접힌다. 같은 종류의 샤프롱이 공동으로 작용하는 파트너를 바꿈으로써 미토콘드리아의 밖(세포기질)에서는 접힘을 억제하도록 작용하고, 안에 들어오면 접힘을 촉진하도록 작용한다. 참으로 정교한 구조다.

자유롭게 드나드는 핵 수송

마지막으로 핵 수송을 알아보자. DNA에서 RNA로 유전정보를 베낄 때 필요한 전사인자나 RNA중합효소(RNA polymerase) 등 핵의 내부에서 작용하는 여러 단백질도 만들어지는 곳은 세포기질이다. 그러므로 세포기질에서 핵막을 통과해 핵 안으로 수송될 필요가 있다.

핵막을 통과해 핵 안으로 단백질을 운반하여 넣는 것도 물론 막 투과인데, 다른 세포소기관의 막과 달리 핵의 표면에는 핵공이라는 지름 100나노미터 정도의 구멍이 효모에는 100개 정도, 포유류의 세포에는 2,000개 정도 뚫려 있다. 미토콘드리아나 소포체의 막의 채널은 지름이 10나노미터 정도여서 구조를 갖추기 전의 폴리펩티드만 통과할 수 있었지만, 핵공은 크기 때문에 단백질이 접혀서 구조를 갖춘 다음 수송할 수 있다. 이것이 다른 막 투과와의 커다란 차이이다. 이 핵공 자체도 약 30종류나 되는 단백질로 이루어진, 극히 복잡한 구조이다.

통과 과정을 알아보자(그림 4-10). 핵 수송의 경우도, 단백질만으로 수송되므로 '핵으로 가라'는 신호는 아미노산 배열로서 단백질 자체에 적혀 있는 '엽서형'이다. 이 신호를 핵 이행 신호(Nuclear Localization signal=NLS)라 한다. 소포체나 미토콘드리아로 가라는 신호는 반드시 폴리펩티드의 N말단에 적혀 있는데, 핵 이행 신호의 경우는 분자의 바깥쪽에 노출되어 있기만

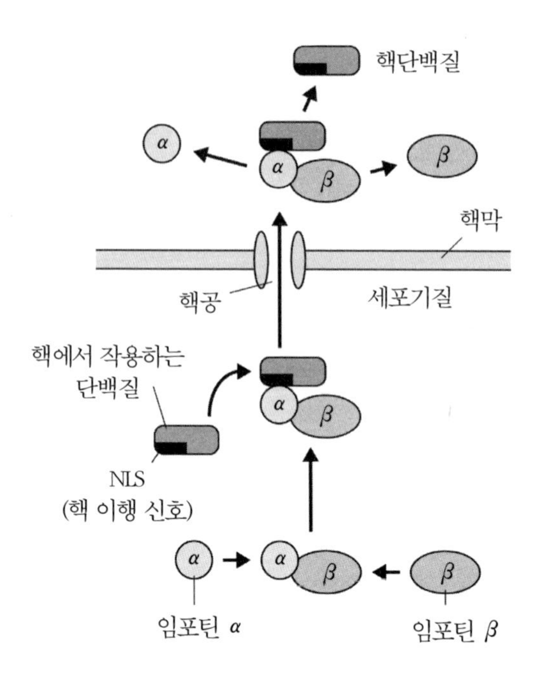

그림 4-10 핵 수송 과정

하면 위치에 관계없이 신호로서 인식된다고 한다. NLS를 인식하는 분자는 임포틴 α라는 단백질로, NLS를 가진 단백질과 결합한다. 임포틴 α에 결합한 임포틴 β라는 수송단백질에 의해 이 복합체는 핵공을 통과한다. 핵 속으로 들어가면 NLS를 가진 단백질은 임포틴 α, β에서 떨어져나와 핵 속에서 그 단백질 고유의 기능을 다하게 된다. 핵공 하나를 통과하는 단백질 수는 1초에 1,000개쯤으로 어림잡기도 한다.

핵에는 운반해 넣는 것뿐 아니라 밖으로 배출하기 위한 시스템도 필요하다. 단백질 중에는 특정한 경우에만 핵에서 작용하고 업무를 마치면 세포기질로 다시 운반되는 것들도 많다. 핵에서 세포기질로 돌려보내는 경우에도 신호가 필요하며, 그 신호를 인식하는 단백질도 존재한다. 핵외 배출 신호라는 신호가 그것이며, 그것을 인식하여 끌어내는 데 작용하는 단백질은 엑스포틴(exportin)이라고 불린다. 임포틴과 엑스포틴은 일부 작용을 공유하여 반입과 배출을 훌륭하게 동시 진행하는 놀라운 시스템을 만들고 있다.

수송 인프라는 생명 유지의 기반

농업이나 어업, 임업 등 1차 산업에 의해 만들어진 생산물이 전국 방방곡곡까지 전해지지 않으면 국가경제는 파탄한다. '모든 길은 로마로 통한다'라는 말을 앞에서도 인용했다. 고대 로마에서도 황제나 집정관이 가장 고심했던 문제는 교통망 정비였다고 한다. 오늘날에도 아피아 가도를 달리면 고대 로마의 마차소리가 들려오는 듯하다. 고대 로마에서는 주로 군대를 위해 교통망을 정비했다고 하는데, 근대국가에서도 생산된 물자가 필요한 곳까지 효율적으로 운반되어야만 산업적으로나 경제적으로 의미를 갖는 것은 전혀 다르지 않다.

그런 경제효율은 세포도 마찬가지다. 1차 산업으로서 생산된 단백질도 그것이 필요한 세포소기관, 말하자면 그것이 작용해야 할 장소로 수송되어야만 비로소, 만들어진 보람이 있는 것이다. 그러기 위해 세포 내에는 근대국가 못지않은 훌륭한 수송 인프라가 정비되어 있다. 이번 장에서는 그런 수송 시스템을 간략하게 알아보았다.

수송되는 단백질에는 반드시 행선지가 적혀 있어야 한다. 그것은 폴리펩티드에 직접 적혀 있는 '엽서'형과 소포라는 소포에 꼬리표가 붙여진 '소포'형의 2가지가 있는데, 어느 쪽이든 그것을 읽어내는 분자(그것도 역시 단백질)가 존재한다. 읽는 것뿐만 아니라 운반하는 시스템도 놀랍다. 미세소관이라는 레일 위를 화물을 실은 열차가 상행, 하행 양방향으로 달리고 있다.

사실은 이런 수송 방식에 관해서만 한 권의 책을 쓸 수 있을 정도이며, 그 내용을 알면 그 메커니즘의 정교함에 깜짝 놀라겠지만, 그것은 이 책의 목적에서 벗어날 것이다. 다음 장에서는 이렇게 작용할 장소를 얻은 단백질이 어떤 최후를 맞이하는가, 말하자면 '단백질의 죽음'에 대해 살펴보자.

제5장. 윤회전생

_ 생명 유지를 위한 '죽음'

불로장수의 꿈

불로장수는 인류의 불가능한 꿈이었다. 진시황이 도사 서복에게 봉래국에 있는 선인을 데려오라 명한 것은 불로불사를 얻으려 했기 때문이었고, 일본에서 가장 오래된 이야기라는 『나무꾼 이야기(竹取物語)』(나무꾼 노인이 대나무 속에서 발견한 가구야 공주가 아름답게 성장한 뒤 5명의 귀공자와 천황의 구혼을 물리치고 달세계로 돌아간다는 이야기. — 옮긴이)에서도 구혼자들에게 가구야 공주가 명한 보물찾기의 하나는 '봉래의 보물 가지' 즉, 불로불사의 선약이었다. 또한 조너선 스위프트의 『걸리버 여행기』에서 걸리버가 방문한 나라 가운데 하나는 불사의 나라였다. 그러나 이상향으로 여겨지는 불사의 나라는 사실은 노추(老醜)를 그저 견뎌내기만 하는 나라였다. 젊음을 유지한다면 불사도 즐겁겠지만(그래도 지루할지 모른다) 늙어서 온몸 구석구석 성한 데 없이 병으로 고통받으며 괴로워하지만 결코 죽을 수 없다. 세상에 이렇게 고통스러운 일이 또 있을까. 사람들은 오로지 죽음을 갈구하며, 죽으러 가는 사람들을 부러워한다.

한 번 만들어진 단백질이 분해되는(죽는) 일이 없다면 생물은 먹거리 고민 없이 훨씬 느긋하게 살아갈 수 있을 것 같다. 그러나 현실적으로 단백질에는 수명이 있다. 수명대로 죽지 않으면 곤란하다. 단백질의 구조는 일단 에너지적으로는 가장 안정된 구조로 접혀 있는데, 예를 들어 효소 같은 경우는 언제나 효소 반응 과정에서 부분적인 구조의 변화나 동요가 일어나고 있다. 단백질이 적당한 시기에 죽지 않으면 그런 구조 변화의 결과로서 구조에 왜곡이 생기거나 잘못 접히는 등, 이른바 노화한 단백질이 세포에 축적된다. 그런 이상한 구조를 가진 단백질의 축적은 곧바로 질병으로 이어진다(마지막 장에서 자세히 살펴본다). 단백질에 수명이 있다는 것은 언제나 신선한 활력이 넘치는 일꾼으로서의 단백질을 보증한다는 의미이며, 생체에 있어 대단히 중요하다.

단백질의 수명

대장균이 갖고 있는 단백질 중에는 생성에서 파괴까지 몇 십 초 정도밖에 걸리지 않는 것도 있다고 한다. 어떤 종류의 전사인자 등이 그 예이다. 대장균이 아미노산을 폴리펩티드로 이어가는 속도는 대개 1초에 열 몇 개이므로 300개의 아미노산이 늘어선 1개의 단백질을 만들기 위해서는 적어도 몇 십 초 걸린다. 그것이 불과 몇 십 초 만에 파괴되어버리는 데에는 뭔가 이유가 있겠지만, 어쨌든 단백질의 합성에서 분해라는 프로세스가 아주 신속하게 제어되고 있음을 알 수 있다.

우리들 인간을 포함해서 진핵생물이 갖고 있는 단백질은 앞에서도 이야기했듯이 5~7만 종류 정도 있다고 일컬어진다. 각 단백질의 수명은 다양하며 현재 알려진 것으로도 불과 몇 분이라는 아주 짧은 수명을 가진 것도 있고, 근육을 만드는 미오신이나 적혈구의 주성분으로 산소를 운반하는 헤모글로빈, 눈의 수정체를 구성하는 크리스탈린(crystallin) 등과 같이 몇 십 일에서 몇 달의 수명을 가진 것도 있다. 양자를 단순 비교하면 수명의 차이는 1만 배 이상이나 된다.

교체되는 단백질

왜 단백질에 따라 이렇게 수명이 다른지, 또한 무엇이 이 수명을 규정하고 있는지는 아직 잘 알려져 있지 않다. 그러나 중요한 것은 대부분의 단백질이 오래된 것이 파괴되고 새 것으로 교체되는 대사의 사이클을 갖고 있다는 점이다. 신체 여기저기에서 만들고 파괴하고, 다시 만들고 파괴하는 작업이 일상적으로 일어나고 있는 것이다.

우리들 인간의 신체는 체중의 약 20% 정도가 단백질이라고 한다. 즉, 체중 70킬로그램인 사람은 그중 약 10킬로그램 정도가 단백질인 것이다. 또한 하루에 그 단백질 중에서 약 2~3%, 약 180~200그램이 오래된 것에서 새 것으로 교체되고 있다고 한다. 매일 3% 교체된다고 하면, 약 석 달 만에 신체의 단백질은 거의 전부 교체되게 된다. 즉, 단백질에 관해서 말하면, 우리는 석 달 만에 다른 사람이 되어버리는 것이다.

매일매일 다시 태어나는 세포

사실 이것은 단백질에 한정되지 않는다. 세포 수준에서도 1년이 지나면 신체를 구성하는 모든 세포의 무려 90% 이상이 교체되어버린다.

물론 세포의 수명도 단백질과 엇비슷하게 제각각이어서 뇌의 신경세포처럼 태어날 때 이미 140억 개의 세포가 완성되어 있으며, 그 후로는 더 이상 늘어나거나 재생되지 않고 파괴되면 그것으로 끝이라고 알려졌던 세포도 있다. 그러나, 최근 연구에서 신경세포에도 줄기세포라 불리는 분열 능력을 가진 세포가 존재한다는 것을 알게 되었다. 신경줄기세포에서 매일매일 몇천 개의 신경세포가 만들어지고 있다는데, 그 대부분은 파괴되어버린다고 하며, 몇 개 정도가 새로운 신경세포로 정착하는지는 아직 논쟁 중이다. 아무튼, 신경세포의 수명은 길지만, 그런 신경세포도 60살을 지나면 매일매일 20만 개, 1년이면 1억 수천만 개가 죽어간다는 말을 들으면, 뭔가 무시무시한 느낌까지 든다.

면역을 담당하는 림프구도 계속 만들어지고 파괴된다. 림프구의 하나인 T세포는 계속 파괴되어도 어떤 자극에 대한 '기억'을 가진 세포가 살아남아 같은 자극(예를 들면 병원체)에 다시 한 번 노출되면 그것에 대한 기억을 가진 T세포가 폭발적으로 늘어나서 외적을 공격한다. 그중에는 〈자기〉를 인식하는 T세포도 만들어지는데, 이것들은 빨리 파괴되어버린다. 그런 파괴 기능이 파탄 나면 자신의 세포를 자신의 T세포가 공격한다. 이른바 〈자기면역질환〉이 일어나는 것이다. 류머티스 관절염 등은 이런 전형적인 예이다.

신경세포나 면역세포 등, 아마도 보다 복잡한 제어가 이루어지고 있는 특수한 세포를 제외하면, 세포 수준에서 말하면, 1년 후에는 모든 세포의 90% 이상이 교체된다. 지금의 나와 1년 후의 나는 세포 수준에서 말하면 사실은 완전히 다른 사람이다. 그럼에도 나는 1년 전의 〈나〉와 똑같은 인간이라고 생각한다. '〈나〉는 과연 무엇인가'라는 의문은 생물학이 아니라 철학의 영역에 속하는 문제겠지만, 세포 수준까지 환원해서 생각해보는 것도 그 사고의 폭을 넓히는 의미에서는 흥미로울 것이다.

아미노산의 리사이클 시스템

단백질을 만들고 파괴하고, 파괴하고 만든다. 그러면 그것을 만들기 위한 원료와 파괴한 후의 폐기물은 어떻게 되어 있을까? 그 출납부를 나타낸 것이 그림 5-1이다.

단백질의 원료가 되는 아미노산은 단백질을 분해함으로써 만

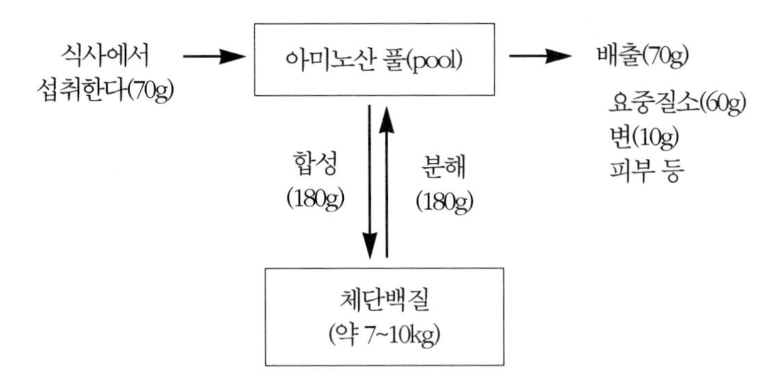

그림 5-1 체내 아미노산의 출납부

들어진다. 우리가 식사를 통해서 하루에 섭취하는 단백질의 양은 평균 약 60~80그램이라고 한다. 그런데 앞에서 보았듯이, 체중 70킬로그램인 사람이 하루에 만드는 단백질의 양은 약 180~200그램이다. 음식으로 섭취한 단백질이 모두 분해되어 원료로 사용된다 해도 섭취량보다 새로 만들어지는 양이 많다. 원료 이상의 제품을 도대체 어떻게 만드는 것일까? 이런 의문이 생길 것이다.

답은 아미노산의 리사이클 시스템이다. 식사를 통해서 체내에 섭취된 아미노산에 더해서 체내의 단백질을 분해하고, 그 과정에서 생긴 아미노산도 알뜰하게 원료로 재활용하고 있는 것이다.

체단백질이 분해되어 만들어진 아미노산 중에 요중질소(尿中窒素) 같은 형태로 체외로 배출되는 것은 70그램 정도. 즉 식사로 섭취한 것과 같은 정도의 양을 배출하고 있다. 식사에서 섭취한 아미노산과 체단백질을 분해해서 생긴 아미노산을 합치면 하루에 약 180~200그램의 단백질을 만들어내고 있다. 결국 우리는 분해한 단백질과 같은 양의 단백질을 만들어내면서 체중을 비롯한 항상성을 유지하고 있는 것이다.

분해 신호의 이름은 PEST 배열

단백질의 수명 길이는 몇 초에서 몇 달까지 천차만별이다. 그런데 최근에 분해되기 쉬운, 수명이 짧은 단백질에는 원래 아미노산의 배열에 '분해하세요'라는 신호가 심어져 있다는 것이 알려졌다. 그런 신호는 하나가 아니라고 하는데 그중 'PEST 배열'이라는 것이 있다. 무시무시한 질병인 '페스트'가 떠오르는 인상적인 네이밍인데, 분해의 신호가 되는 아미노산 배열을 한 글자 표기로 나타내서 이으면 PEST(P=프롤린proline, E=글루탐산glutamic acid, S=세린serine, T=트레오닌threonine)가 된다. 이 신호 배열이 그 단백질의 어딘가에 존재하면 그 단백질은 빨리 파괴된다. 세포 내 운송 시스템에서는 아미노산 배열 안에 수신처가 적혀 있는데, 단백질에 따라서는 태어날 때부터 자체에 '빨리 죽으세요'라는 명령까지 적혀 있는 것도 있다고 한다.

세포 주기에 필요한 단백질 분해

그러나 단백질이 파괴, 즉 분해되는 것은 수명을 다하고 역할을 마쳤을 때만은 아니다. 오히려 타이밍을 봐서 적극적으로 파괴되는 것이 세포의 생존 사이클에 필수인 경우도 있다.

그런 세포의 생존 사이클과 리사이클한 단백질의 분해로서, 세포 주기와 연동한 단백질 분해 메커니즘을 제시해둔다. 세포에는 주기가 있으며 크게 4가지로 나뉜다. 왕성하게 분열하는 세포에서는 세포 분열 기간을 M기라고 부르며, 대부분의 세포에서 1시간 정도이다. M기와 M기 사이를 간기(間期)라고 하는데, 간기는 DNA를 복제하는 S기, M기와 S기 사이의 G1기(G는 갭gap의 G), S기와 다음 M기 사이의 G2기로 나뉜다. 즉 세포 주기는 M기 → G1기 → S기 → G2기 → M기 순으로 옮겨간다. 동물의 세포를 체외로 꺼내서 배양하면, 약 24시간 만에 이 사이클을 한 바퀴 도는 것이 많다.

이 세포 주기의 타이밍을 조절하는 데에는 사이클린(cyclin)이라는 단백질이 제어 인자로서 작용하고 있다. 주기(사이클)를 도는 데 필요하므로 이런 이름이 붙었다. 사이클린도 몇 종류가 있는데, 특정 사이클린이 어떤 세포 주기에 들어갈 때 특이하게 분해된다. 그 분해가 신호가 되어 세포는 다음 주기로 이행한다. 즉 이 사이클린 단백질의 분해가 세포를 다음 주기로 옮기게 하는 데 필수이며, 이 분해에 이상이 일어나면 세포는 정상적으로 주기를 바꾸지 못해 죽게 된다.

'시계 유전자'

하나 더, 단백질의 '분해'가 세포 생존에 적극적으로 이용되는 예로 '시계 유전자(시간 유전자)'를 들어본다. '체내시계'라는 말을 들어보았을 것이다. 요즘 들어서 이런 체내시계를 관리하는 메커니즘으로서 생물이 다양한 '시계 유전자'를 갖고 있음이 잇따라 발표되고 있다. 그 수는 100개 정도라고 한다.

생물의 생체 리듬에는 몇몇 다른 주기를 가진 것들이 있는데 그중에서도 거의 하루를 단위로 반복되는 일주리듬(circadian rhythm, 24시간 주기 리듬)이 가장 잘 알려져 있을 것이다. 그러나 생물의 체내시계인 일주리듬은 외계의 일주 변화, 즉 하루 24시간이라는 길이와는 약간 어긋난다. 그 어긋남은 아주 약간이라 해도 그대로 두면 외계 주기와 체내 주기가 어긋나게 된다. 시간 유전자는 그 어긋남을 수정하고, 체내 주기를 외계의 시계에 맞추기 위한 메커니즘으로도 작용하고 있다.

초파리의 시간 유전자

시간 유전자의 존재는 초파리에서 처음 발견되었다. 그림 5-2에서 나타낸 tim(timeless) 유전자와 per(period) 유전자가 그것이

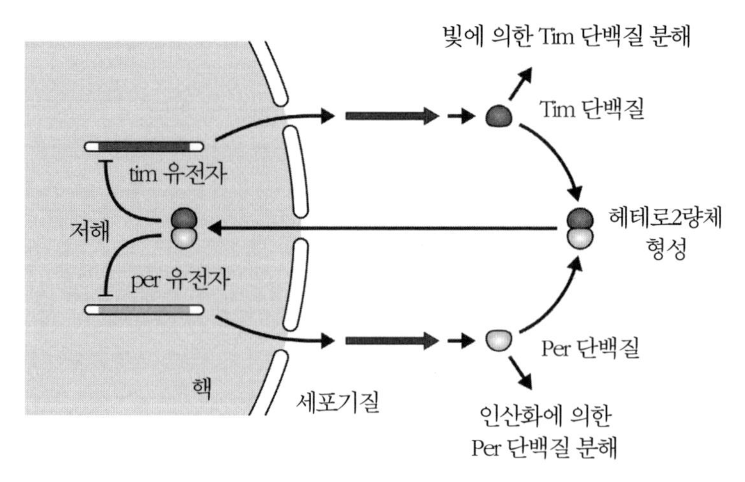

그림 5-2 초파리의 체내시계

다. 처음에 발견된 것은 per 유전자이며 이것은 시간의 길이를 결정하고 있는 것으로 보인다. 그에 비해 tim 유전자는 시각의 설정에 작용하는 듯하며, 이 유전자가 변이를 일으키면 '시간이 없어지게(timeless)' 된다는 데에서 이런 이름이 붙었다. 이 두 개의 유전자는 각각 독립된 유전자이면서 협동작용을 함으로써 초파리의 시간을 정하고 있는 것이다.

그것의 메커니즘은 다음과 같다. tim 유전자와 per 유전자로부터는 각각 Tim 단백질, Per 단백질이 합성되는데, 각각의 단백질은 세포 내에서 어느 정도의 양에 도달하면 서로 결합하여 복합체가 되어 핵 안으로 들어간다. 이 복합체는 핵 안에서 tim 유전자와 per 유전자의 전사를 억제하여 단백질 합성을 멈추게 한다. 즉, 어떤 일정한 양을 넘어서면 더 이상 늘지 않도록 억제하는 기제(機制)가 작용하는 것이다. 이것을 '피드백 저해'라고 한다.

이리하여 단백질 합성이 멈추면 이미 만들어져 있는 것이 분해되어감에 따라 세포 안의 각각의 단백질의 양은 차츰 적어진다. 결과적으로 단백질 합성을 저해하고 있던 복합체도 적어져서 최종적으로는 다시 단백질 합성이 시작됨으로써 사이클이 한 바퀴 도는 구조다. 단백질의 양은 저녁에 절정을 맞이하고, 차츰 줄어들어 새벽에는 거의 없어지고, 다시 합성이 시작되는 주기를 반복한다.

시각을 맞추는 장치

이런 24시간 주기 리듬은 그것만으로는 외계의 24시간이라는 사이클에서 점점 어긋나게 된다는 것을 알게 되었다. tim 유전자와 per 유전자가 제대로 기능하더라도 어떤 조건이 갖춰지지 않으면 이 사이클은 현실의 일출, 일몰과 어긋나게 된다. 그 시각 맞추기에 작용하고 있는 것이 빛이었다. 빛이 비치면 Tim 단백질이 한꺼번에 분해되는 것을 알았던 것이다. Tim 단백질은 빛이 비치면 분해되고 Per 단백질은 인산화(인산기가 부가되는 반응)를 신호로 분해된다고 한다. 즉 둘 다 자연적으로 파괴되어갈 뿐 아니라 적극적으로 분해되는 구조를 갖고 있는 것이다.

아침 햇살을 받으면 Tim 단백질은 급속히 분해되고 Tim 단백질과 Per 단백질의 복합체도 급감한다. 그럼으로써 각각의 유전자 전사의 억제가 해제된다. 이리하여 아침이 오면 양자의 단백질 합성 스위치가 켜지고 차츰 양이 늘어난 저녁쯤에 합성이 멈춘다. 이처럼 시계 단백질의 적극적인 분해는 24시간 주기 리듬의 〈교정(校正)〉에 필수이며, 분해는 단순히 불필요한 것을 처리하는 것뿐만 아니라 많은 세포 내 반응에서 적극적인 의미를 갖고 있다.

인간의 경우는 훨씬 복잡한 메커니즘이 작용하며 시계 유전자 수도 많지만 기본적인 시스템은 똑같다. 우리가 해외에 나가면 시차 때문에 힘들어하는 것도 이 단백질 합성 사이클에 이상이 생겼기 때문이며, 시판되는 시차적응제 중에는 이 단백질을 조정함으로써 체내시계를 조절하려고 하는 것이 있다.

'분해'라고 하면 대개 '죽음'으로 이어지는 이미지가 있지만, 이런 사례를 보면 오히려 '살기 위해 분해가 필요'한 것임이 명백하다.

자기를 먹어서 살아남는다?

훨씬 단적으로 '살기 위한 분해'로 작용하고 있는 것이 '오토파지(autophagy, 자가포식)'라는 분해 기능이다. 오토파지란 주변에 있는 것을 모조리 봉지 안에 쓸어담아 '벌크(일괄)'로 한꺼번에 분해해버리는 구조이다(200쪽 그림 5-5). 바다에 사는 문어는 먹이를 구하지 못해 배가 고프면 자기 발을 먹음으로써 살아간다는 그럴듯한 이야기가 전하는데, '자가포식'이란 이것과 마찬가지로 굶주리는 상황이 되면 세포 내의 세포소기관이나 그 밖의 구조물을 분해하여 그 분해물에서 아미노산을 얻으려는 수단이다.

앞에서 이야기했듯이 우리는 하루 약 200그램의 단백질을 새로 합성해야 생명을 유지할 수 있는데, 원료인 아미노산이 부족하면 무리하게 아미노산을 만들어내야 하므로 오토파지 메커니즘이 적극적으로 작동하기 시작한다. 예를 들어 아기가 태어날 때를 생각해보자. 엄마 뱃속에 있을 때 태아는 어머니로부터 영양을 공급받고 있으므로 단백질 원료가 부족할 일이 없다. 그런데 태어난 직후나 분만 도중에는 어머니로부터 영양 공급이 끊겨 아미노산 부족이 초래된다. 일종의 기아 상태가 되는 것이다. 그때 아기는 자신의 체내의 아미노산을 오토파지 메커니즘으로 분해하여 무리하게 아미노산을 만들어낸다고 한다.

오토파지 메커니즘이 작동하는 것은 영양 기아인 경우에만 한정되지는 않는다. 예를 들어 세포 안에 차츰 쌓여가는 찌꺼기 같은 불필요한 것(예를 들면 변성된 단백질 등)을 정기적으로 정화(클리어런스)하는 데도 이 메커니즘이 작동되고 있다고 한다. 이 정화 기능은 대단히 중요하며, 최근 일본의 연구자가 밝혀낸 바에 따르면, 오토파지에 관여하는 유전자를 파괴해서 관찰해보니 정화 작용을 못하게 된 탓에 단백질의 응집물 등이 신경세포에 축적되어 신경변성 질환이 일어난다는 것이 보고되었다.

그밖에도 세포 안에 치조농루균이나 결핵균, 또는 콜레라균 등 전염병을 일으키는 균이 들어왔을 경우, 그 병원체가 되는 박테리아를 감싸서 박테리아째로 한꺼번에 분해해버리는 작용도 갖고 있다. 오토파지의 '무엇이든 한꺼번에 몽땅 분해해버리는' 메커니즘이 활용되고 있는 예이다.

선택적으로 분해할까, 한꺼번에 분해할까

세포 내 수송의 예로 엽서형과 소포형이 있다고 했다. 엽서형에서는 엽서(즉 단백질)에 직접 수신처를 적고 소포형은 소포(즉 소포小胞)에 꼬리표를 붙였다. 분해에도 이것에 해당하는 2가지 분해 방법이 있다. 즉 분해해야 하는 단백질 하나하나에 분해의 인식표가 되는 태그를 붙이는 경우와, 주변에 있는 단백질(세포 소기관 수준의 큰 것까지 포함)을 모조리 봉지에 넣어 그대로 한꺼번에 분해해버리는 경우이다. 전자는 '유비퀴틴 프로테아좀(ubiquitin proteasome)계 분해'이며 후자는 오토파지에 의한 분해이다.

유비퀴틴 프로테아좀계 분해는 '선택적 분해'이며 오토파지에 의한 분해는 '벌크 분해'이다. 앞의 예로 말하면 세포 주기에 작용하는 사이클린이나 체내시계의 단백질 분해는 유비퀴틴 프로테아좀계 분해이며, 영양 기아일 때 아미노산 풀(pool)을 확보하기 위한 분해 등은 오토파지에 의한 분해이다.

유비퀴틴은 분해의 표식

유비퀴틴 프로테아좀계에 의한 분해는 선택적 분해이다. 분해해야 하는 표적 단백질에 분해의 인식표인 태그를 붙인다. 태그가 되는 것이 유비퀴틴이라는 단백질이다. 유비퀴틴은 아미노산 수가 겨우 76개인(분자량으로는 약 8600) 작은 단백질이다. 유비퀴틴은 표적 단백질 안에 포함되는 리신(lysine)이라는 아미노산에 공유결합되는데, 하나의 유비퀴틴을 부가하는 데 3가지 단계가 필요하다(그림 5-3).

먼저 유비퀴틴이 유비퀴틴 활성화효소(E1)와 결합하여 활성화될 필요가 있다. 이 활성화된 상태로 일단 유비퀴틴 결합효소(E2)라는 다른 효소로 인도된다. 거기에 유비퀴틴 리가아제(ubiquitin ligase, 리가아제는 '잇는다'는 뜻)라는 단백질이 표적 단백질을, 이 유비퀴틴 E2 복합체가 있는 곳으로 데려와서 유비퀴틴이 표적 단백질의 리신에 결합되는 것이다. 유비퀴틴 리가아제는 E3 효소라 불리는데 E1, E2, E3라는 3가지 효소의 작용을 거쳐서 하나의 유비퀴틴이 태그로 부착된다. 이 과정에는 ATP 에너지가 필요하다.

그러나 유비퀴틴이 하나만 붙으면 분해의 인식표가 되지 못

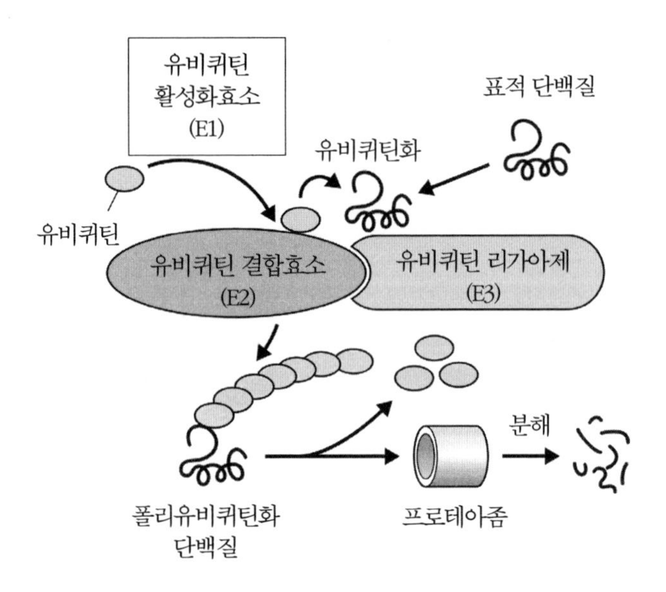

그림 5-3 유비퀴틴에 의한 분해 메커니즘

한다. 똑같은 단계가 여러 번 되풀이되어 유비퀴틴 위에 다시 유비퀴틴이 이어진다. 즉 폴리유비퀴틴 사슬이 형성되어야 한다. 분해에는 적어도 4개 이상의 유비퀴틴이 필요하다고 여겨지는데, 실제로는 훨씬 많은 유비퀴틴이 이어져 있다. 왜 그렇게까지 반복을 해야 할까? 아마도 분해를 하는 데에 대단히 신중을 기한다는 의미일 것으로 여겨지고 있다. 지금까지 살펴보았듯이 하나의 단백질을 만들기 위해 수많은 단계를 거치고 막대한 수의 ATP를 소비하고 심지어 접힘을 하게 하는 데에도 에너지를 소비하여 겨우겨우 '제몫을 할 수 있는 어엿한 단백질

하나'를 키워낸 것이다. 그러니 파괴할 때는 최대한 신중을 기할 만도 하다. 예를 들어 유비퀴틴을 1개 부가하기 위해 ATP를 1개 소비하려 해도, 처음부터 만들어내기 시작해야 한다는 것을 생각하면, 그 신중함에 걸맞은 수지 타산이 충분히 맞춰져 있을 것이다. 유비퀴틴화는 분해를 위한 신호지만, 다른 관점에서 보면 일종의 안전장치이다. 잘못해서 한 개의 유비퀴틴이 붙어버리는 정도의 일로 분해되어버리는 일은 없다. 단백질의 합성과 분해라는 관점에서 보면, 여기서도 대충 만들고 신중하게 체크하여 분해한다는 생물의 기본 전략이 보이는 것 같다.

최근에는 유비퀴틴의 부가가 반드시 분해 신호만은 아니라는 연구 결과도 보고되기 시작했다. 특히 유비퀴틴이 하나만 부가되는 경우 등에는 그것이 수송 등 다른 신호로 작용하는 경우도 있다고 한다.

분해 기계 프로테아좀

이리하여 폴리유비퀴틴이라는 십자가를 짊어진 단백질은 골고다의 언덕 대신에 세포기질 최대의 분해기계인 프로테아좀으로 향한다. 프로테아좀은 통같이 생긴 거대한 단백질 복합체다(그림 5-4). 이 통은 4개의 고리로 이루어져 있는데 각각 7종류의 단백질 소단위체가 하나의 고리를 만들고 있다. 한가운데 있는 2개의 고리(β링이라고 한다)에 단백질의 분해 활성을 가진 소

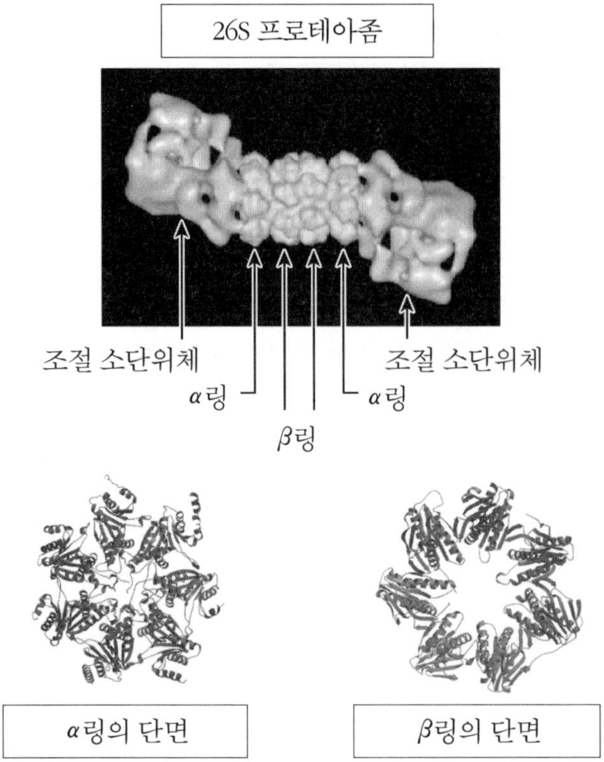

26S 프로테아좀

조절 소단위체

α링

β링

α링

조절 소단위체

α링의 단면

β링의 단면

그림 5-4 프로테아좀의 구조

단위체가 존재한다. 통의 양쪽 끝에는 열 몇 가지 종류의 단백질이 집합하여 '조절 소단위체'를 만들고 있다. 이 조절 소단위체에는 분해해야 하는 단백질의 폴리유비퀴틴 사슬을 인식하는 소단위체, 단백질의 구조를 풀고 분해기질을 한 줄의 폴리펩티드로 하여 프로테아좀의 구멍을 통과하기 위한 샤프롱의 소단위체 등이 존재하고 있다. 심지어, 인식되어 불필요해진 폴리유비퀴틴은 프로테아좀의 구멍을 통과하는 데는 방해가 되므로, 그것들을 잘라 떼어내버리기 위한 소단위체도 갖춰져 있다. 이 거대한 분해기계인 프로테아좀의 발견에는 일본의 다나카 게이지(田中啓二, 도쿄도임상의학종합연구소)가 공헌한 바 크다.

α, β소단위체의 4개의 고리로 된 통 안에, 유비퀴틴을 떼어내고 폴리펩티드로까지 풀린 단백질이 한쪽 끝에서 들어와서 반대쪽으로 빠져나간다. 그 과정에서 β링이 가진 분해효소에 의해, 폴리펩티드를 잘게 절단해 간다. 한가운데 있는 2개의 β링 안에는 커터나 초퍼(chopper, 고기나 채소를 잘게 써는 기구) 역할을 하는 칼날(분해효소)이 세 군데 있으며, 작은 펩티드나 아미노산 조각으로까지 잘게 분해해버린다. 이것들이 다음 번 단백질 합성 과정에서 재이용되는 것은 말할 필요도 없다.

프로테아좀은 세포 안에 많이 있으며 세포기질이나 핵 안에도 존재한다. 그런데 단백질을 가장 많이 합성하는 세포소기관인 소포체 안에는 프로테아좀이 없다. 이것은 소포체가 단백질 합성에 주요하게 관여하는 장소이기 때문에 '분해는 딴 데 가서 하라'고 하는 듯한데, 그 점에 대해서는 다음 장에서 자세히 다루기로 한다.

우수한 '고리 모양 분자 기계'

그림 5-4는 프로테아좀의 구조를 나타내고 있는데, 생각해보

면 '고리 구조 안을 폴리펩티드가 통과해간다'는 구도는 세포 여기저기서 찾아볼 수 있다는 것을 알 수 있다.

프로테아좀의 경우는 분해를 위해 작용하는데, 앞에서 보았듯이, 응집한 폴리펩티드를 풀기 위해 작용하는 고리 모양의 샤프롱도 있었다. 대장균에서는 C1pB라 불리는 것이, 효모에서는 HSP104 등이 이것에 해당한다(제3장 참조). 또는 막 수송 때 보았던 트랜스로콘이라 불리는 채널도 단백질의 소단위체가 막 위에 구멍을 만든 것이었다(제4장 참조). 이때는 접히기 전인 폴리펩티드가 리보솜의 펩티드 배출구로부터 직접 트랜스로콘의 구멍으로 보내지고 있었다.

다음 장에서 자세히 알아보겠지만, 잘못 접힌 단백질을 소포체에서 세포기질로 끌어내서 분해한다는 난폭한 분해 양식이 있다. 이 경우에도 소포체의 채널을 폴리펩티드가 통과하는데 한 방향으로만 통과하기 위해서 세포기질 쪽에서 기다렸다가 받아들여서 끌어당기는 단백질이 있다. p97이라는 밋밋한 이름의 단백질 복합체인데, 이것 역시 고리 구조이다. p97의 구멍을 폴리펩티드가 통과한다. 이 통과에는 ATP 에너지가 필요하며 p97 자체가 ATP를 분해하여 에너지를 얻는 효소활성을 갖고 있다. 이 에너지를 이용하여 폴리펩티드의 한쪽 방향성 이동을 유지하고 있다고 한다.

통과하는 것이 폴리펩티드에 한정되지 않는다면 막에 존재하는 채널은 모두 어떤 형태로든 고리 구조를 갖고 있다. 세포막에는 수소 이온을 통과시키는 채널이 있으며, 이것은 수소 이온의 통과와 짝을 이루어 ATP를 합성할 수 있는 ATP 합성효소이기도 하다. 6량체 고리 구조를 한 복잡한 기계인데, 여기에는 축과 베어링에 해당하는 단백질까지 있어서 이 축이 회전하는 것이다. 수소 이온의 통과가 회전을 낳고 회전에 의해 발전기처럼 ATP가 합성된다. 그야말로 잘 만들어진 분자 기계인데, 이 분자 기계가 회전하는 것을 제시한 사람은 앞에서 언급한 요시다 마사스케였다.

대식가 오토파지

유비퀴틴 프로테아좀계 분해에서는 폴리유비퀴틴 사슬이라는 분해를 위한 태그를 붙임으로써 분해해야 하는 단백질이 하나하나 엄선되었다. 그러나 오토파지계 분해에서는 세포기질 안에 있는 다양한 단백질이나 미토콘드리아·소포체와 같은 세포소기관도 포함하여 모두 막에 감싸여 그대로 분해되어버린다.

생물이 '오토파지(자가포식)'라는 작용을 갖고 있다는 것은, 식물 등에서도 상당히 오래전부터 알려져 있었는데, 이 메커니즘 자체가 발견된 것은 기껏해야 20년쯤 전이다. 자세한 분자 메커니즘은 아직 완전히 알려져 있지는 않지만, 이 오토파지계 분해 메커니즘은 먼저 세포기질 안에서 감 씨앗 같은 막 구조가

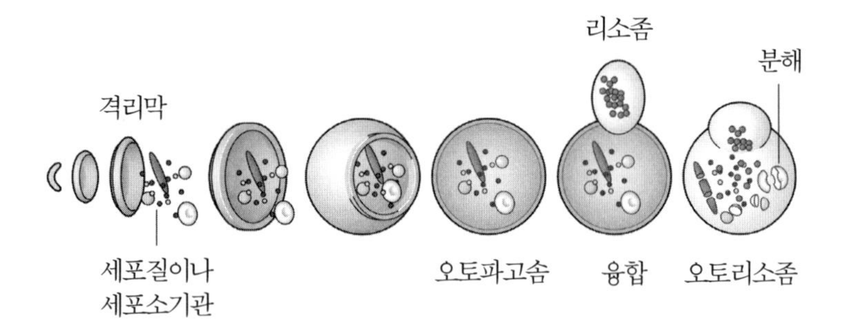

그림 5-5 오토파지에 의한 분해 메커니즘

홀연히 나타나는 것에서 시작된다. 이 막 구조가 늘어남과 동시에 양쪽 끝이 잘록해져서 세포기질에 있는 것을 닥치는 대로 감싸 품고는, 내용물을 막 안에 가두어버린다(그림 5-5). 이 고무풍선 같은 막 구조를 오토파고솜(autophagosome)이라고 한다.

오토파고솜은 이 상태에서 리소좀이라 불리는 분해효소가 가득 찬 세포소기관과 융합하며, 오토파고솜에 담긴 내용물의 단백질은 리소좀의 단백질 분해효소(프로테아제)에 의해 분해되어버린다. 이렇게 하여 분해된 단백질은 아미노산으로서 새로운 단백질을 위해 재이용된다. 오토파지에서는 막 구조가 생겨나서 그것이 기질을 감싼 다음 최종적으로 리소좀과 융합하는 단계를 반드시 거치는데, 이런 일련의 현상을 진행시키는 것은 오토파지 유전자군이다. Atg 유전자라 불리며, 현재 열 몇 종류가 알려져 있다.

여기서는 이 이상 자세하게는 설명하지 않겠지만, 이 오토파지라는 분해 양식에 관련하는 단백질의 작용은, 유비퀴틴화될 때의 양식과 놀랄 만큼 흡사하다. 물론 각각의 메커니즘에 관여하는 단백질군의 종류는 다르지만, 그들 단백질이 공유결합을 만들어가는 양식은 아주 비슷하다. 하나는 기질에 인식표를 붙이는 선택적 분해이고 다른 하나는 막으로 감싸는 일괄 분해인데 그것을 지탱하는 분자 메커니즘이 아주 닮았다는 것은 무엇을 의미할까. 어떤 유효한 방법이 있다면, 그것을 다양한 국면에서 이용하려고 하는 것일 수도 있다. 일일이 그것에만 한정한 방법을 고안하지 않고도 똑같은 원리로 처리 가능한 것은 그렇게 해버리려는 것일지도 모른다. 자연은 영리하다.

분해의 안전장치

리소좀은 단백질 분해 장치의 저장고이다. 막으로 둘러싸인 작은 세포소기관인데, 안은 대부분 분해 관련 효소만 채워져 있다고 해도 지나친 말이 아니다. 어떤 의미에서는 화약고이며, 위험하기 짝이 없는 존재라고도 말할 수 있다. 막에 아주 작은 구멍이라도 뚫리면 거기서 삽시간에 단백질 분해효소가 새어나와 세포 안은 패닉에 빠지게 될 것이다. 분해는 필요하지만 안전은 확보하고 싶은 세포는 교묘한 방법을 마련했다.

안전장치의 열쇠가 되는 것은 효소가 작용하는 데 최적인

pH(예전에는 페하라고 독일어식으로 발음했지만 지금은 피에이치라고 발음한다)이다. 산성 · 중성 · 알칼리성이라는 말은 들어본 적이 있을 텐데, 이것은 수소 이온(양성자proton) 농도를 나타내는 수치이며, 수소 이온이 많을수록 산성이 강해진다. 리소좀에 채워져 있는 효소는 모두 산성 조건에서만 작용한다. 그리고 리소좀 안은 pH4 정도의 강산성으로 유지된다. 리소좀의 막에는 수소 이온을 선택적으로 운반하는 V형 ATP 분해효소가 있어서 세포기질에 있는 수소 이온을 계속해서 리소좀 안으로 운반함으로써 리소좀 안에서는 수소 이온의 농도가 높아지며, 안은 강산성으로 유지되고 있다.

오토파지나 기타 경로를 통해 리소좀으로 운반되어 온 단백질은 리소좀의 산성 조건 아래서 리소좀 효소에 의해 효율적으로 분해된다. 한편, 만약 리소좀 막이 찢어져서 리소좀 효소가 세포기질로 새어나오더라도 세포기질의 pH는 중성이므로 효소가 작용하지 못한다. 누출 사고나 폭파 테러가 일어나도 함부로 분해가 일어나지 않도록 안전장치가 되어 있는 것이다. 유비퀴틴 프로테아좀계 분해에서는 폴리유비퀴틴 사슬이라는 분해 태그가 안전장치로 마련되어 있었는데, 어떤 분해 방식에서도 세포는 분해라는 반응에 대해서는 그야말로 신중하고 엄밀한 안전장치를 마련해두고 있는 것이다.

세포의 죽음

단백질의 죽음, 즉 분해의 2가지 방법을 소개했다. 실제로는 다른 분해효소에 의한 분해도 있지만, 또 한 가지 흥미로운 단백질 분해효소의 예를 소개한다. 그것은 세포의 죽음에 관여하는 프로테아제이다.

세포에게도 당연히 죽음이 찾아온다. 세포의 수명은 다양하지만 세포의 죽음에는 딱 두 종류만 있다. 하나는 네크로시스(necrosis)이며 다른 하나는 아포토시스(apoptosis)이다. 고온이나 독물, 영양 부족, 세포막의 손상 등 외계로부터 강제적인 힘이 가해져서 일어나는 것이 네크로시스이며, 세포의 괴사(壞死)라고도 부른다. 반면에 아포토시스는 생리적인 조건 하에서 세포가 스스로, 적극적으로 일으키는 세포사이다.

비유하자면 네크로시스가 '사고사'라면 아포토시스는 세포의 '자살' 격이다. 개체발생이나 자기반응성면역담당세포의 제거, 암의 자연치유 등에서 볼 수 있는 프로그램 세포사도 아포토시스의 일종이다. 가까운 예로 말하면, 올챙이의 꼬리가 사라지는 것은 프로그램 세포사의 예이며, 낙엽이 떨어지는 것도 아포토시스이다. 우리들 포유류도 태아기의 일정한 기간은 손가락 사이에 물갈퀴 모양의 막을 갖고 있다. 진화의 흔적일 것이다. 물갈퀴는 태어날 때에는 소실되어 있는데, 이것이 소실되는 것도 물갈퀴 모양의 막 세포가 아포토시스에 의해 어떤 시기에 올바르게 죽도록 프로그램되어 있기 때문이다.

아포토시스에서는 세포가 급격하게 축소하고, 핵 속에서는 크로마틴(chromatin, 염색질) 응집이 일어나서 핵이 단편화하게 된다. 세포기질에는 아포토시스 소체라는 소포가 형성되며 세포질 자체도 단편화하고, 세포는 매크로파지 등에 의해 잡아먹히거나 하므로 염증 반응을 일으키는 일은 없다. 지난 20여 년 동안에 아포토시스의 구조에 대한 연구가 두드러지게 진전을 보았다.

아포토시스의 경로는 복잡하기 때문에 여기서 자세히 이야기할 수는 없지만, 세포 밖으로부터 죽음의 신호를 받아서 발동하는 경우와 세포 안의 내재적인 죽음의 신호 경로에 의한 경우가 있다. 그것 역시 몇 가지 경로가 있는데, 어떤 경우든 마지막에는 카스파제(caspase)라는 단백질 분해효소가 활성화되고, 특히 카스파제3이라는 효소가 세포 내의 다양한 기질을 절단함으로써 핵의 단편화나 세포의 응축 따위, 아포토시스 특유의 현상을 일으킨다.

세포의 죽음이라 해도 생명 유지에 필수인 세포사가 있으며, 그 과정에 단백질의 적극적인 분해가 관련되어 있음은 흥미롭다. 단백질 분해가 세포사로 이어지는 예로서의 아포토시스에서도 개개 세포의 죽음을 적극적으로 유도함으로써 개체로서의 생명 활동을 원활하게 진행한다는 의미가 있다는 것이 밝혀졌을 것이다. 즉, 단백질의 분해=죽음은 결코 무의미한 죽음이 아니라 생명 유지의 일환으로서의 죽음임을 독자 여러분도 알게 되었을 것이다.

단백질의 윤회전생

분해라고 하면, 단백질의 무덤, 말하자면 역할을 다한 단백질을 매장해버리는 것같이 들리지만 지금까지 살펴보았듯이 세포 내에서는 단백질이 끊임없이 만들어지고 분해되고 있다. 분해는 엔트로피의 증대로 이어지며, 합성은 엔트로피적으로 말하면 감소이다. 모든 현상은 엔트로피 증대의 방향으로 향하는 것이 엄연한 생리법칙, 열역학법칙이다. 분해는 쉽지만 합성에는 엄청난 비용이 든다는 것은 어떤 경우에도 분명하다. 따라서 분해는 지극히 신중하게 이루어져야 한다. 몇 중으로 안전장치가 걸려 있으며 분해를 지시하는 신호는 유비퀴틴화와 같은 에너지 소비를 동반하는, 여러 단계의 과정이 필요하다.

그처럼 엄격한 안전 점검을 거친 다음에야 단백질은 마침내 분해를 받아들인다. 때로 그것은 분해 산물로서의 아미노산이나 그 이상으로 작게 분해된 분자를 재이용하기 위해 필수적이다. 단백질의 일생이 '죽음'으로 끝나지 않으며 오히려 '윤회전생(輪廻轉生)' 사이클이 갖춰져 있는 것은 인간의 생명 유지에 대단히 중요하다.

또한 어떤 경우에는 세포 주기를 바꾸거나, 발생 등의 타이밍에 관여하는 시계 유전자를 움직이고, 시각을 맞추기 위해서도 필요하다. 분해는 다음 스텝으로 나아가기 위한 신호인 것이다. 어떤 경우에도 단백질은 분해되어야 할 때 분해되어야 한다. 그러므로 프로테아좀같이 ATP 에너지를 사용하면서까지 분해를 진행시키고 있는 것이다.

한편, 분해는 존재하면 곤란한 단백질의 처분으로서도 사용된다. 예를 들면 접힘에 이상이 일어나서 그것을 처분하지 않으면 세포의 생존이 위협받는 경우이다. 어쩔 수 없는 처리로서의 분해. 그러나 이런 올바른 기능을 갖지 않은 이른바 불량품 단백질의 경우에도, 세포는 곧장 분해해서 끝을 내기보다는 좀 더 부드러운 몇 가지 방법을 시도한다. 『이상한 나라의 앨리스』에 등장하는 '하트 여왕'처럼 느닷없이 '목을 쳐라!'라고 소리치는 것이 아니라 재생 가능할 것 같은 단백질에게는 갱생의 기회를 제공하려고 하는 것이다. 다음 장에서는 불량품 단백질이 생겼을 때 세포가 어떻게 대처하는가, 이른바 세포의 위기관리, 단백질의 품질관리 메커니즘을 소개한다.

제6장. 단백질의 품질관리

_ 그것의 파탄으로서의 병리

'품질관리'의 필요성

단백질의 탄생에서 죽음까지 '일생'의 흐름을 살펴보면서 새삼 느끼는 것은, 모든 단계에서 대단히 복잡한 시스템이 올바르게 기능함으로써 단백질의 항상성이 유지되며 생명이 그것을 기반으로 유지되고 있다는 점이다. 그러나 정교한 시스템일수록 고장이나 문제도 많은 법이다. 몇 단계에 걸친 메커니즘의 어느 한 군데만 고장이 나도 올바른 단백질을 만들 수 없으므로 '실패작' 즉 잘못 접힌 단백질이 만들어지는 경우도, 공정의 복잡함이 증가하는 만큼 지수함수적으로 증대하는 것은 어떤 의미에서는 필연적이다.

제조 과정에서 어느 정도의 비율로 오류가 일어나는지 알려져 있는 단백질도 있다. 합성 과정에서 30% 정도밖에 올바르게 접히지 않는 단백질은 많이 있으며, 막에 존재하는 어떤 종류의 단백질 중에는 겨우 2% 정도만 올바른 구조를 갖게 되는 것도 있다고 한다. 또한 기껏 바르게 만들어졌다 해도 스트레스단백질 대목에서 보았듯이, 열충격 등 세포에 가해지는 다양한 스트레스로 인해 변성할 위험이 언제나 존재한다. 또는 애초에 설계도인 유전자에 이상이 있다면 보호자 역할을 하는 샤프롱이 아무리 애를 써도 이상한 단백질, 말하자면 변성한 단백질밖에 만들 수 없을 것이다.

그러나 만들어져버린 실패작을 그대로 두면 응집체가 생겨서 세포가 살아가는 데 걸림돌이 된다. 실패작을 확실하게 가려내서 원인을 규명하고 고장을 수리하고 불량품을 분해 · 폐기해야 한다. 지난 10여 년 동안 급속하게 연구가 진행되어온 이 단백질 품질관리 메커니즘과, 거기에 더해 그 품질관리가 파탄할 때에 일어나는 다양한 질병에 대해 이번 장에서 알아보자.

단백질의 품질관리는 세포기질이나 핵, 미토콘드리아 등 세포 내의 여러 부위에서 이루어지고 있음이 알려지고 있는데, 여기서는 가장 연구가 진척되어 있는 소포체에서의 품질관리를 중심으로 설명한다.

리스크 매니지먼트

세포의 중요한 시스템의 하나가 '단백질 제조 시스템'이라고 한다면, 소포체는 그것의 메인 제조공장에 해당한다. 분비단백질이나 막단백질, 리소좀이나 골지체 등의 세포소기관 단백질은 모두 소포체에서 만들어지며, 세포 전체가 만드는 단백질의 무려 3분의 1이 소포체에서 만들어진다.

1980년대 후반부터 1990년대 초반에 걸쳐서, 분비되는 단백질의 접힘은 소포체 내에서 이루어지며 그것이 제대로 되지 않은 단백질은 하류의 분비 경로로는 배출되지 않는다는 것이 제시되었다. 소포체에서 분비가 제지되는 것이다. 유전자 정보대로 폴리펩티드를 만든다 해도 불량품이 생기는 경우가 있다. 그럴 때 세포는 불량품의 발생을 감지하여 곧바로 처리하는 장치를 갖추고 있다. 불량품은 유통 경로로 내보내지 않는다는 것이 '세포의 품질관리'라 불리게 된 연구의 시초였다.

불량품을 하류로 내려보내지 않는다는 것은, 인간사회의 공장에서도 품질관리에 가장 중요한 부분이다. 리스크 매니지먼트라 불리는 위기관리의 첫째이다. 불량품을 알아차리지 못해 시장에 출하해버렸을 때, 그것이 예를 들어 약이라면 돌이킬 수 없는 결과를 낳을 것이다. 기계 제품도 마찬가지로, 브레이크가 고장 나거나 타이어가 불량인 자동차가 소비자에게 팔린다면 생명의 위기로 직결되는 사태를 일으키는 경우가 있다는 것은 수많은 사례를 통해 얻어진 교훈이다. 인간사회에서는 약의 부작용 관련 소송이나 유통기간 위조 문제 등 작위적인 실수나 감시 시스템의 불량에 따른 과실 등의 사건이 많이 발생하지만 세포에서는 그런 괘씸한 일은 일어나지 않는다.

이렇게 하류로(즉 시장으로) 내려보내지 않는 원리를 실질적으로 담당하고 있는 기구는 무엇일까? 사실 '하류로 흘려보내지 않는' 메커니즘 자체는 아직 잘 모른다. 소포체에서 골지체로 수송 경로를 어떤 형태로든 막고 있는 것은 분명한데, 그 분자 기구를 아직 아무도 모르는 것이다. 그러나 그렇게 해서 하류로 수송을 막고 있는 동안에 행해지는 몇몇 불량품 대책은 밝혀지고 있다. 그것은 놀랍도록 정교하고 심지어 몇 중으로 신중하게 마련된 메커니즘이다.

공장의 품질관리

공정에 따라 점점 완성되어가는 제품에 불량품이 섞여 있거나 이미 팔려버린 상품에서 불량품이 발견된다면, 어떤 공장에서든 맨 먼저 취하는 조치는 생산 라인을 당장 멈춰 세우는 것이다. 그 이상은 불량품이 늘어나지 않도록 일단 제품 생산을 중지하고 원인을 규명하는 것이 품질관리의 첫 번째 단계다.

그다음 단계는 경우에 따라 다르겠지만, 두 번째 단계로 생각할 수 있는 것은 고칠 수 있는 것은 가능한 한 수리하여 정상적인 기능과 구조로 되돌린 다음 출하하려 하지 않을까? 톱니바퀴에 잘 맞물리지 않는 부분이 발견되면 축을 조정해주면 맞을 수도 있다. 그런 사소한 수리나 조정으로 정상 제품이 된다면 그것은 유효한 품질관리 수단이다. 그러기 위해서는 우수한 수리공이 필요하다. 그것에 대해서는 뒤에서 이야기하자.

그래도 고쳐지지 않는 불량품이 많이 나왔는데 그대로 둔다면 공장 안에 불량품이 산더미처럼 쌓일 것이다. 수리 불가능한 불량품이 쌓이면 어떻게 할까? 인간사회의 공장이라면 폐기 처분을 할 것이다. 공장에서 가지고 나가서 전문 폐기처리장에서 처분한다. 물론 각 부품은 분해해서 재활용하기도 한다. 이것이 세 번째 방책이다. 그래도 불량품이 계속 나오는 공장이라면 공장 시스템 자체에 문제가 있으며, 거기서 계속 만들면 불량품만 나오는 상황이라면 회사 차원에서는 공장 폐쇄까지 생각해야 할 수도 있다. 공장 폐쇄는 마지막 수단이다.

세포 내의 4단계 품질관리

인간 사회의 품질관리를 임의적으로 요약해보았는데, 세포에서도 이런 4단계 품질관리가 훌륭하게 이루어지고 있다. 인간이 오랜 시행착오 끝에 생각해낸 것 같은 품질관리 전략이 세포 내부에서도 훌륭하게 실현되고 있음에 그저 놀랄 뿐이다. 생산 현장에서의 품질관리는 인간의 뇌가 생각해낸 방법인데 세포의 내부에서도 이것에 비견될 수 있는 단백질 품질관리 메커니즘의 발달을 보는 것은 감동적이기까지 하다. 진화라는 생존 전략이 시간 속에 숨겨둔 잠재적 적응력의 대단함을 과시하고 있는 것 같은 생각까지 든다. 한 단계씩 소개해본다.

우선은 생산 라인의 정지. 단백질의 경우에는 이것이 유전암호를 폴리펩티드로 번역해가는 과정을 중지하는 것으로 나타난다. DNA에서 mRNA로 전사 단계에서 중지시키는 메커니즘이 있는지는 아직 명확하지 않지만, mRNA에서 폴리펩티드로의 번역 과정이 멈춰지고, 일단은 이상한 단백질의 합성을 그만

두게 하라는 명령이 내려온다.

다음으로 불량품의 수리·재생에 대해서는, 지금까지의 장을 읽었다면 쉽게 상상할 수 있을 것이다. 먼저 수리공인 샤프롱을 긴급 유도하여 샤프롱이 변성한 단백질을 고치고 재생시키려 한다. 어떤 종류의 샤프롱은 삶은 달걀을 날달걀로 되돌릴 정도로 놀라운 솜씨가 있음을 앞에서 보았는데, 격리나 결합해리, 바늘귀에 실꿰기 등, 각각 특기로 삼고 있는 방법으로 여러 종류의 샤프롱이 수리에 달려들 것으로 예측된다.

그러나 애초에 설계도가 잘못된 경우에는 아무리 놀라운 솜씨를 가진 샤프롱이 작용해도 올바른 형태로는 되돌릴 수 없다. 이렇게 되면, 그런 잘못된 설계도에서 생겨난 이상한 단백질은 쓸모없는 것에 그치지 않고 다른 정상 단백질에게 해를 끼칠 가능성이 있다. 뒤에서 보게 될 프리온이나 폴리글루타민 단백질처럼, 옆에 있는 정상 단백질까지 나쁜 길로, 즉 이상한 구조로 변질시켜버리는 것도 세포 사회에서는 많이 볼 수 있다. 이런 것은 폐기할 수밖에 없다. 분해하는 것이다. 분해에도 여러 방법이 있는데 특히 소포체에서 품질관리를 위해 행해지는 분해를 '소포체 연계 분해'라고 한다.

그래도 이상 단백질을 처리하지 못한 경우, 그대로 두면 주변에도 폐를 끼친다. 이렇게 되면 어쩔 수 없이 공장 폐쇄를 해야 하는데, 세포의 경우에 그것은 아포토시스이다. 아포토시스는 앞에서 보았듯이 세포의 자살이다. 이상한 단백질밖에 만들지 못하는 세포는 통째로 죽여버리는 것이다. 이것이 정말로 품질 관리가 되는지 여부는 의문이지만, 이상한 단백질 축적에 대한 최후의 수단으로 아포토시스가 일어나는 것은 틀림없다.

인생의 처세술 관련해서 흔히 하는 말로 '새가 울지 않으면 울 때까지 기다린다' '새가 울지 않으면 울게 한다' '울지 않는 새는 죽여버린다'라는 말이 있는데, 세포의 단백질 품질관리 시스템도 이런 말을 떠올리게 한다.

불량품이 생긴 경우

단백질에 불량품이 생기는 경우는 다양하다. 앞에서 보았듯이 세포가 스트레스를 받아서 단백질의 입체 구조가 흐트러져서 생기는 경우가 있다. 통상보다 몇 도 높은 열이 가해지면 단백질은 변성 위기에 처한다. 소포체 단백질은 대부분 당사슬을 갖고 있다. 당사슬은 단백질의 입체 구조를 안정화하는 경우가 많은데, 당사슬 부가에 이상이 생기면 단백질의 입체 구조가 취약해진다. 그밖에도 에너지원인 ATP가 고갈되면 단백질 합성 과정뿐만 아니라 접힘에 작용하는 샤프롱 등이 작용할 수 없게 되어 단백질 구조의 이상을 일으킨다. 뇌허혈 등의 경우는 신경세포 내의 단백질에 이상이 생겨서 일어난다고 여겨지는데, 원인은 당사슬 부가 이상과 ATP 고갈의 2가지로 추측된다.

세포가 받는 스트레스뿐만 아니라 유전성 요인도 많다. 유전자에 이상이 있는 경우, 즉 유전병의 경우다. 낭포성섬유증은 백인의 3%에 상염색체열성유전으로서 전달되는 외분비막의 유전성 질환인데, 만성폐색성 폐질환이나 췌장외분비기능부전 등이 특징이다. 이 원인 유전자인 CFTR의 경우도, 가장 많은 유전자 이상은 단 1개의 아미노산 변이에서 비롯된다. 508번째 아미노산 단 1개가 없어지면 1,480개 아미노산으로 이루어진 CFTR 분자 전체 구조에 이상이 일어나서 본래 기능하는 막 표면으로 분비 수송이 되지 않는다. 단 1개의 아미노산이 없을 뿐, 단백질의 기능 자체에는 영향이 없는 듯하다.

사실, 그런 변이 단백질을 어떻게 해서든 세포 표면까지 수송만 하면 단백질은 정상적으로 작용한다. 그토록 미세한 변이에도 세포는 품질관리 메커니즘을 작동시켜 변이 CFTR을 소포체에 머물게 한다. 작동한다 해도 불량품은 시장에 내보내지 않는 것이다. 인간 사회에서도 본받아야 할, 참으로 성실한 태도라고 할 수 있다.

첫 번째 전략 – 생산 라인의 정지

어떤 변이를 갖고 있거나 스트레스로 변성해버린 이상한 단백질이 소포체 안에 쌓이면 소포체의 막에 있는 센서 단백질인 PERK가 맨 먼저 반응한다. 정상 상태일 때 이 센서 단백질에는 소포체의 대표적 샤프롱인 BiP가 달라붙어 작용을 억제한다.

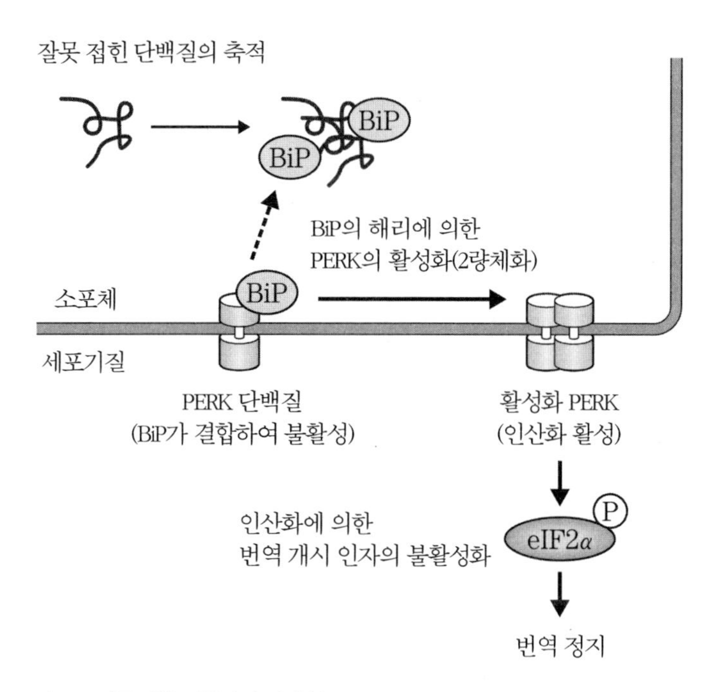

그림 6-1 잘못 접힌 단백질의 처리 (1)

변성한 단백질이 소포체 안에서 증가한다고 하자. 변성한 단백질은 소수성 아미노산이 분자 표면에 노출되어 불안정해지며, 소수성 상호작용에 의해 응집체를 만들기 쉽다. 분자 샤프롱이 나설 차례다. 샤프롱은 변성 단백질의 소수성 아미노산에 결합하고 가려서 안정화시키려 한다. 소포체 안의 많은 BiP가 그 작업에 동원된 결과, 센서 단백질에 결합해 있던 BiP도 거기에 동원된다. 그 결과, 센서 단백질을 불활성으로 유지하고 있던 안전장치가 떨어져나가게 된다(그림 6-1).

BiP가 떨어져나간 것을 계기로 센서 단백질 PERK가 활성화된다. 엄밀히 말하면 센서는 BiP이며, PERK는 작동 단백질이라고 해야 할지도 모르지만, 여기서는 PERK 등 일군의 소포체막 단백질을 센서라고 부르자. PERK는 단백질의 번역에 필수적인, 번역 개시 인자 가운데 하나를 불활성화하여 번역을 정지시킨다. 만들어도 계속 변성해버린다면, 먼저 만드는 것을 멈춤으로써 세포 내의 잘못 접힌 단백질의 부하(負荷)를 줄이려는 전략이라고 생각해도 된다. 이때 번역 개시 인자는 많은 단백질 합성에 공통이므로 하나의 단백질에 변이가 일어나면 단백질 전반의 합성이 멈춰버리는 것이 특징이다. 공장 전체의 생산 라인이 한꺼번에 정지해버리는 것이다.

이 메커니즘을 최초로 발견한 사람은 뉴욕주립대학의 데이비드 론(David Ron) 박사였다. 점잖은 인상의, 어딘가 예수 그리스도를 연상시키는 풍모의 이스라엘 출신 연구자인데, 그가 이 메커니즘을 발견한 것은 1999년이었다.

두 번째 전략 – 수리공 샤프롱의 유도에 의한 재생

다음으로 작동하는 것은 '수리 · 재생'의 메커니즘이다. 수리 가능한 것은 수리하여 출하하려는 것은 당연한 이치이며, 세포 역시 수리공인 분자 샤프롱을 대량생산하여 변성한 단백질을 재생하려 한다. 이것이 두 번째 전략이다.

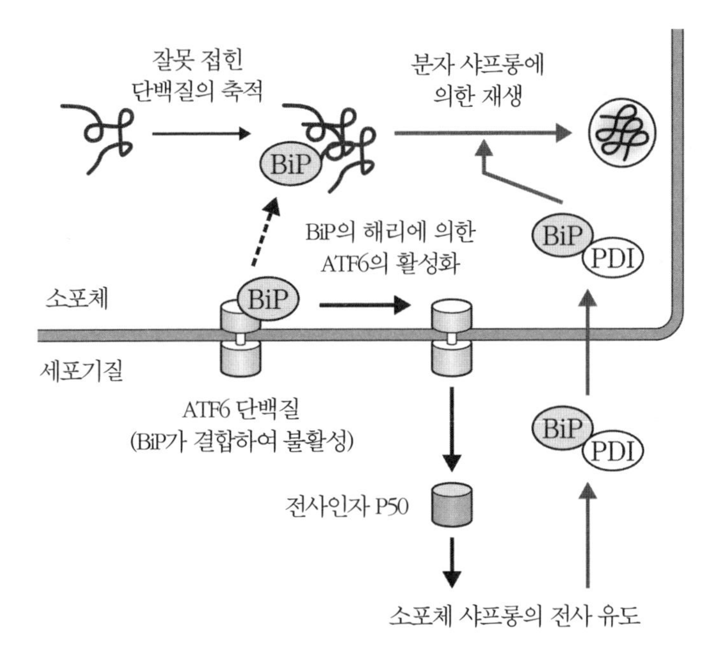

그림 6-2 잘못 접힌 단백질의 처리 (2)

소포체의 막에는 PERK 이외에도 다른 센서 인자 ATF6이 존재한다(그림 6-2). 이것도 평소에는 BiP가 결합하여 불활성화되어 있다. BiP가 변성 단백질에 붙잡히면 ATF6이 활성화되어 소포체 분자 샤프롱의 전사를 활성화한다. 이 활성화는 ATF6이 잘려나감으로써 일어난다. 활성화되어 잘려나간 ATF6의 일부(P50이라 부른다)는 핵으로 이동하여 전사 인자로 작용한다. BiP를 비롯해 소포체 안에서 작용하는 여러 종류의 분자 샤프롱이 이 ATF6 활성화에 의해 일제히 유도된다. 이렇게 유도된 샤프롱은 소포체 안으로 들어가 변성한 단백질을 재생한다.

분자 샤프롱은 소포체나 세포기질에 언제나 존재하고 있다. 샤프롱도 여러 종류가 있는데, 항상적으로 만들어지고 있는 것과 문제가 생긴 경우에만 만들어지는 것이 있다. BiP는 항상적으로도 만들어지고 있지만, 유도되기도 하는 분자 샤프롱이다. 예를 들어 잘못 접힌 단백질이 소포체에 축적되면 BiP의 발현량은 몇 배나 상승한다. 평소에는 정상적인 단백질 합성에 필요한 양만큼만 만들어지고 있지만 일단 잘못 접힌 단백질이 축적되면 그것들에 대처할 필요에 따라 이른바 비상근 직원까지 동원되는 시스템이다.

세 번째 전략 – 폐기 처분

세포가 일시적으로 스트레스를 받아서 단백질이 잘못 접힌 경우 등에는 샤프롱을 동원하여 해결할 수 있을지 모르지만, 예컨대 만들어지는 단백질의 유전자 DNA에 변이가 생기는 등 유전적 요인에 의해, 아무리 만들어도 올바른 단백질이 되지 않는 경우 등에는, 샤프롱만으로는 어찌할 수 없다. 그런 경우에 방법은 불량품을 폐기 처분하는 것뿐이다. 유전자에 이상이 생기는 경우 이외에, 몇 가지 소단위체로 이루어진 단백질에서 하나의 소단위체만 과잉 생산된 경우 등에도 과잉 생산된 소단위체는 분해되어야 한다. 불량품이나 과잉 산물은 분해함으로써 처분한다. 이것이 세 번째 전략이다.

소포체에서 올바른 분비 경로를 타지 못한 단백질이 분해된다는 것은 예전부터 알려져 있었으며, 이 경우에 분해는 당연히 소포체 내부에 있는 분해효소에 의해 일어난다고 생각되고 있었다. 소포체 내의 단백질 분해효소를 찾아내려고 세계적으로 열띤 경쟁이 벌어졌는데 그 실체는 좀처럼 규명되지 않았다. 그러나 돌파구는 뜻밖의 장소에 있었다.

분해는 소포체 내부에서 일어나지 않으며, 잘못 접힌 단백질을 소포체에서 일단 밖으로 내보내서 분해한다는 발견이 그것이었다. 단백질 합성의 경우에는 세포기질에서 소포체 내부로 폴리펩티드를 들여보내는데, 분해할 때는 이와는 반대로 소포체에서 세포기질로 내보내는 것이다. 이 놀라운 논문은 1996년에 「네이처」에 실렸다. 소포체에서 일단 세포기질로 역수송하여 유비퀴틴 프로테아좀계의 분해 기구로 보내는 경로의 존재가 제시되어, 이 경로에 따른 분해 시스템 전체를 '소포체 관련 분해(ER-Associated Degradation =ERAD)'라고 부르게 되었다(그림 6-3).

'밖으로 내보내면 된다' 해도 변성 단백질을 밖으로 내보내기 위한 메커니즘은 꽤 복잡하다. 분해를 하려면 분해에 관여하는 인자가 만들어져야 한다. 분해에는 잘못 접힌 단백질을 인식하고 그것을 역수송하기 위한 채널까지 데려가는 인자, 역수송 채널을 구성하는 요소, 역수송을 구동하는 일군의 인자, 세포기질

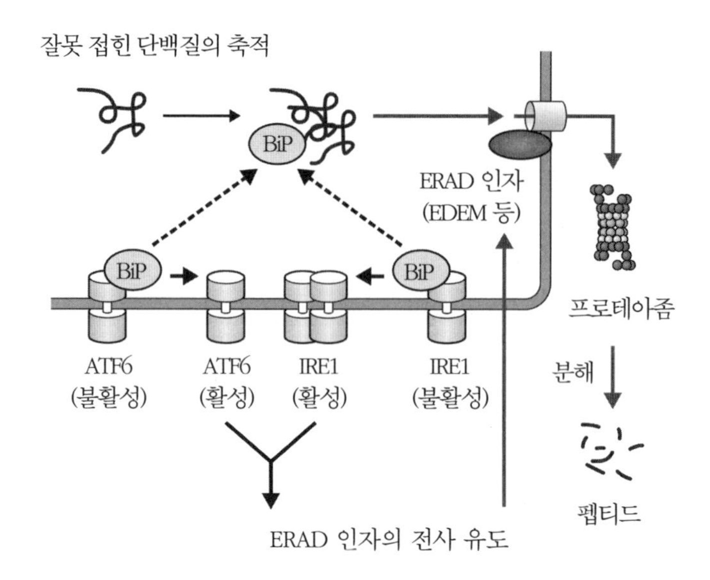

그림 6-3 잘못 접힌 단백질의 처리 (3)

에서의 유비퀴틴화 등 분해를 위한 신호를 부가하는 인자, 그리고 분해를 실제로 수행하는 프로테아좀 등의 인자가 필요하다. 특히 소포체 내부에서 잘못 접힌 단백질을 역수송 채널까지 데려가는 과정에서 엄밀한 체크 메커니즘이 작동하고 있다.

소포체막을 통과하여 분비되거나 막에 도달하여 작용하는 단백질에는 당사슬이 부가된다고 앞에서 이야기했다(제4장). 이 중에서 포도당을 깎는 것이 신호가 되어 분자 샤프롱 칼넥신(calnexin)이 결합하여 접힘이 진행된다(144쪽 그림 4-4 참조).

한편, 잘못 접힌 단백질의 분해 신호 역시 당사슬 깎기(트리

밍)이다. 마노스가 하나 잘려 9개에서 8개로 되는 것이 분해 신호라고 한다. 그렇다면 그 신호를 인식하는 분자는 무엇인가, 하는 것이 다음 수수께끼일 것이다. 수수께끼는 계속 등장한다. 자연의 수수께끼풀이에는 끝이 없는 법이다.

분해되어야 하는 단백질의 당사슬 깎기에 의한 분해 신호를 인식하고 분해를 촉진하는 인자 가운데 처음 발견된 것은 나의 연구실에서 발견한 EDEM이라는 인자였다. EDEM은 그림 6-3에서 나타냈듯이, ATF6 이외에 IRE1이라는 다른 센서 인자가 둘 다 활성화되어야 비로소 유도된다. 여기도 분해의 안전장치가 이중으로 걸려 있는 것이다.

EDEM은 접힘에 실패한 단백질의 마노스 당사슬을 인식하고, 소포체막의 채널에서 세포기질로 내보내는 것을 촉진한다. 세포기질로 역수송된 단백질에는 유비퀴틴이 결합하여 프로테아좀에 의해 분해가 진행된다. 2001년의 EDEM 발견 이래, 「사이언스」 등 몇몇 잡지에 성과를 발표했는데 그 후로 같은 유형의 분해 신호 인식 분자 후보가 보고되고 있다.

네 번째 전략 – 공장 폐쇄

그래도 안 된다면, 마침내 아포토시스, 즉 자살 명령을 내려서 세포의 자살을 촉구한다. 공장 폐쇄인 셈이다. 분해에 이르는 경로도 길고 복잡했지만 아포토시스에 이르는 과정은 더욱

길다. 자세한 것은 생략하지만 제1단계에서 마련된 것과 같은 PERK라는 인자의 활성화로 시작되어 차례차례 하류의 인자를 활성화해가는 신호 전달을 거쳐서 최종적으로 세포의 죽음에 이른다. 그 전모를 자세히 이야기하는 것은 이 책의 범위를 넘어서므로 생략하지만 최종적으로는 카스파제(caspase)라는 가수분해효소가 활성화되어 아포토시스가 일어난다.

품질관리의 '시간차 공격'

품질관리에는 4개의 전략, 즉 번역 정지(생산 라인의 정지), 분자 샤프롱에 의한 단백질의 재생(수리 · 재생), ERAD에 의한 분해(폐기 처분), 그리고 세포의 자살(공장 폐쇄)이 있다는 것을 알아보았다. 사실 이 4개의 반응은 동시에 일어나지 않는다. 이 4단계는 그 순서대로, 조금씩 시차를 두고 일어난다. 이른바 '시간차 공격'이다.

생산 라인을 멈추는 번역 정지는, 새 단백질을 합성할 필요 없이 번역 개시 인자를 인산화하는 것만으로 반응이 일어난다. 이것이 가장 빠른 반응일 것이다. 수리 · 재생을 하려면 분자 샤프롱을 만들어내야 하므로 단백질 합성 프로세스가 한 번은 일어나야 한다. 그러므로 번역 정지보다는 늦게 일어난다. EDEM을 비롯한 소포체 관련 분해를 위한 여러 인자는 두 단계의 단백질 합성을 필요로 하며, 이것은 수리 · 재생보다 시간적으로

늦을 것으로 여겨진다. 아포토시스에 의한 공장 폐쇄에 도달하려면 더욱 많은 단계의 신호 전달이 필요하며, 이것은 글자 그대로 최후의 수단으로서, 그것의 효과는 변성 단백질의 분해보다 나중에 나타난다.

이 '시간차 공격'은 세포의 품질관리전략으로서 합리적일 것이다. 수리하면 쓸 수 있는데 분해하기는 아까우므로 먼저 분자샤프롱을 유도하여 수리 · 재생을 시도한다. 그래도 안 된다면, 그대로 두면 응집을 부르는 등 좋지 않은 결과가 생길 우려가 있으므로 공장(이 경우는 소포체) 밖으로 운반하여 분해한다. 그래도 안 된다면 최후의 수단으로서 세포를 통째로 파괴해버린다. 생산 라인의 정지를 시작으로, 이런 순서로 반응이 시작된다. 우선순위가 확실하게 정해져 있는 것이다. 참으로 합리적인 시스템인 데에 놀라지 않을 수 없다.

나는 세포의 세계에서 일어나는 수많은 일을 인간 사회의 합목적성을 적용시켜 해석하는 데에 반드시 동의하지는 않는다. 우리가 합리적, 합목적적이라고 판단하는 반응이나 방법이 세포라는 〈자연계〉의 합리성과 언제나 일치한다고는 할 수 없기 때문이다. 인간사회의 현상을 세포의 세계에서 유추함으로써 해석하는 일은 신중해야 한다. 과학의 세계에서는 얼핏 보기에 불합리한 것 같은 현상 속에 오히려 우리가 알지 못하는 합리성이 있을지도 모르며, 바로 거기에 〈미지〉에의 흥미와 경이로움이 숨어 있다.

그런 전제 아래 나는 단백질의 품질관리 메커니즘에 보이는 이들 4가지 전략에 놀라는 것이다. 이들 4개의 메커니즘이 하나하나 밝혀져가는 과정을 실시간으로 알아보았는데, 거의 매달 세계의 과학지에 실리는 새로운 발견을, 절반은 두려워하며(물론 경쟁으로 쫓기는 것을 두려워하는 것이다), 그리고 그 이상으로 이번에는 무엇이 발견되었을까, 가슴 설레며 읽곤 했다. 세포에서 단백질 품질관리 메커니즘은 세포라는 마이크로 코스모스의 한 단면에 지나지 않지만, 세포에 이처럼 놀랄 만큼 정교한 메커니즘, 시스템이 발달해 있으며, 그런 가운데 생명 현상이 영위되어왔음을 새삼스럽게 깨닫는다.

품질관리의 파탄으로서의 병리

단백질의 일생과 우리들 인간의 생명활동의 연관을 가장 뚜렷하게 느끼게 되는 것은, 질병의 문제이다. 질병에도 여러 종류가 있지만 그중에서도 유전병과 신경변성 질환은 단백질 합성과 대단히 밀접한 관계가 있다.

여러 번 이야기했듯이 유전자 정보는 단백질의 아미노산 배열을 지정하는 정보이다. 유전자에 변이가 생기면 그것이 지정하는 단백질에도 변이가 일어나며, 그 결과 단백질 자체가 만들어지지 않게 되거나 만들어지더라도 기능을 갖지 않거나 기능 저하를 일으키는 등의 사태가 생기며, 그럼으로써 병에 걸린다.

이것이 종래의 '유전병' 개념이었다. 바꿔 말하면, 유전자 변이에 의한 단백질의 '기능상실(Loss of Function)'에 의해 병이 생긴다는 사고방식이다.

확실히 기능상실이 원인이 되어 일어나는 유전병은 헤아릴 수 없이 많다. 한 예를 들면 선천성대사이상의 대표적인 병으로 유명한 페닐케톤뇨증(phenylketonuria)이 있다. 간에서 페닐알라닌수산화효소(phenylalanine hydroxylase)의 활성이 현저하게 저하되는 상염색체 열성의 유전성 질환이다. 페닐알라닌이 수산화되어 티로신(tyrosine)이라는 아미노산으로 대사되는데, 이 반응을 촉매하는 효소활성이 저하하면 페닐알라닌이 축적되어 혈중 농도가 상승하고 그 결과 발달장애 등의 증상이 생긴다. 신생아 때 검사를 해서 그런 증세가 의심되면 저페닐알라닌 식사로 치료한다. 페닐케톤뇨증의 경우, 그 시기를 넘기면 더 이상 발병할 위험은 없다.

혈우병

혈우병도 유전병으로 잘 알려져 있다. 예를 들어 손가락이 베이면 보통은 거기서 응고 신호가 작용하고 응고 반응이 시작되어 일련의 혈액응고 인자가 순차적으로 활성화되고, 마지막에는 피브리노겐(fibrinogen)이 피브린(fibrin)으로 변환되어 혈액을 응고시켜 피가 멈춘다. 그런데 그 과정을 담당하는 인자의 어딘가에 이상이 일어나면 그것 이후의 과정이 기능하지 않게 되어 출혈이 멈추지 않아 결국 빈혈을 일으킨다. 상처를 입었을 때뿐만 아니라, 이를 닦다가 잇몸에서 살짝 피가 나기만 해도, 또는 여성이라면 생리를 할 때 등, 한없이 피가 멈추지 않으면 결국 빈혈이 되고 만다.

혈액 응고도 단백질 분해와 마찬가지로 과도하게 일어나면 대단히 위험한 반응이므로, 실제로 혈액 응고에 이르기까지는 10개 이상의 인자가 순차적으로 여러 단계의 반응을 거쳐 응고에 이르도록 설계되어 있다. 그런데 이 중에서 어느 하나라도 인자가 없거나 변이를 일으키면 혈액이 굳지 않게 되어버린다. 혈우병은 혈액응고인자 가운데 주로 제8인자 및 제9인자에 이상이 일어나는 것으로, 이들 인자의 활성이 저하되어 혈액응고에 이상이 발생한다.

그밖에도 유전병에서는 여러 가지가 있는데, 그 대부분은 필요한 단백질이 만들어지지 않거나 기능하지 않아서 생긴다. 이런 병은 유전자의 결손이 원인이므로 언젠가 유전자 치료법이 발견될 가능성은 작기는 하지만 '있다'고 보아도 될 것이다.

접힘이상병의 발견

그런데 최근에 유전병 중에는 단백질의 기능상실이 원인이 아니라 일단 만들어진 단백질이 응집하거나 변성함으로써 생기는 것도 있다는 것이 알려졌다. 변성한 단백질은 본래 품질관리 메커니즘을 통해 안전하게 처리되었어야 하는데, 어떤 이유 때문에 품질관리가 제대로 되지 못하면 그것들이 세포 내에 축적되어 이상을 일으킨다. 즉 변성된 단백질이 모여서 응집체를 만들어버린다는, 본래 갖고 있을 리가 없는 기능을 갖게 되어버리는 병, '기능상실(Loss of Function)'이 아니라 '기능획득(Gain of Function)'이라고 불러야 할 병의 존재를 알게 된 것이다. 이것을 접힘이상병이라고 부른다(표 6-1).

일단 존재가 발견되자 이런 병이 많이 존재하고 있음이 잇따라 밝혀졌다. 예를 들어 백내장은 눈의 수정체를 구성하는 단백질인 크리스탈린이 변성되어 수정체가 혼탁해지는 병으로, 일종의 접힘이상병이다. 대표적인 유전병인 당뇨병에도 '기능상실'뿐만 아니라 '기능획득' 케이스가 존재한다는 것이 알려지고 있다. 기존에 알려져 있던 것은 유전자에 결손이 생겨서 인슐린이 만들어지지 않는 기능상실형인데, 그 밖에도 인슐린 유전자 한 군데에 변이가 일어나서 접힘 이상을 일으키고, 그것이 점차 다른 정상인 인슐린을 휘감아서 전체적으로 인슐린이 부족해지는 경우도 있다. 당뇨병의 모델 동물로 주목받는 아키타 생쥐는 이 대표 예이다.

아키타 생쥐에는 인슐린 유전자에 변이가 일어나 있다. 제4장에서 이야기했듯이 인슐린은 소포체에서 3개의 이황화결합을 형성한다. 아키타 생쥐에는 인슐린 유전자 하나(Ins2)에 변이가

병명	원인 단백질
낭포성섬유증	CFTR(염소이온채널)
마르팡 증후군	피브린
골형성부전증	I형 콜라겐
α1 안티트립신 결손증 (폐기종 등)	α1 안티트립신
백내장	크리스탈린
알츠하이머병	아밀로이드β 단백질
폴리글루타민병 (헌팅턴병 등)	폴리글루타민 신장 단백질 (헌팅틴 등)
파킨슨병	α 시누클레인
근위축성측삭경화증(ALS)	SOD1 (슈퍼옥시드 디스무타제)
프리온병(BSE 등)	프리온

표 6-1 접힘이상병(몇 가지 대표 예)

생겨서 A사슬에 존재하는 시스테인(이황화결합을 형성한다)이 티로신으로 바뀌어 있다. 그 결과, A사슬과 B사슬 사이에 이황화결합을 만들 수 없게 되어 접힘이상을 일으킨다.

생쥐에는 2종의 인슐린 유전자가 있으며 각각의 유전자에는 한 쌍의 상동염색체가 있으므로 합계 4개의 유전자를 갖고 있다. 아키타 생쥐가 흥미로운 점은 그중 단 하나에만 변이가 일어나고 다른 3개의 유전자는 정상임에도 불구하고 생쥐는 생후 6~10주에 췌장의 β세포 감소와 랑게르한스섬의 위축을 동반하는 고도의 당뇨병을 앓게 된다는 점이다. 4분의 3, 즉 75%의 인슐린은 정상인데 왜 당뇨병이 발병할까? 아마도 이황화결합이 정상적으로 만들어지지 않기 때문에, 짝이 되어야 할 시스테인이 다른 정상 인슐린의 펩티드 사슬의 시스테인과 이황화결합을 만들고, 그러면 쌍을 만들 수 없게 된 시스테인이 다시 다른 인슐린을 휘감아버린다……, 이런 식으로 전체적으로 정상인 인슐린 분자를 차례차례 휘감아서 비정상적인 구조체를 형성하기 때문이 아닐까 생각되고 있다. '기능획득'의 대표적인 예이다.

신경변성 질환

대표적인 '기능획득' 타입 유전병으로 신경변성 질환을 이야기해야겠다. 앞에서 이야기했듯이 신체의 세포는 계속 신진대사를 해서 1년 후에는 90% 이상이 바뀌지만 신경세포는 어떤 연령 이후로는 거의 증가하지 않는다. 신경세포에도 줄기세포가 있다는 것이 밝혀지고 신경세포도 새로 생긴다는 것을 알게 되었지만, 대부분의 신경세포는 활발한 증식을 하지 못하고 죽어갈 뿐이다. 이것은 단지 건망증이 심해지는 정도가 아니라 심각한 문제를 품고 있다. 무엇보다 신경세포에 뭔가 변이가 일어나면 그 세포는 변이를 가진 채로 그대로 장기간 계속 생존해가야 하며, 중증의 신경변성 질환으로 증상이 나타나게 된다.

신경변성 질환의 대표적인 것으로는 알츠하이머병, 파킨슨병, 근위축성측삭경화증(루게릭병, ALS)이 있으며 폴리글루타민병이나 프리온병 등도 여기 속한다. 이 중에는 독자적으로 발병하는 것도 있고 유전적인 것도 있으며 프리온병처럼 전염성인 것도 있는데, 모두 원인은 유전자, 즉 거기에서 만들어지는 단백질에 있으며, 그것들이 이상하게 접혀서 응집체를 만들기 때문에 신경세포가 죽어버리는 것이 공통점이다.

'빨간 구두'병

헌팅턴 무도병(요즘은 헌팅턴병이라고 한다)이라는 병이 있다. 안데르센 동화에 빨간 구두를 신었더니 춤을 멈출 수가 없어 결국 죽고 마는 소녀 이야기가 있다. 영화로까지 만들어진 유명한 이야기인데, 이것은 헌팅턴병 환자를 모델로 했다고 들은 적이 있다.

왜 계속 춤을 출까? 물론 추고 싶어서 춤을 추는 것은 아니며, 신경이 퇴행하여 운동 기능에 이상이 생겨 다른 사람들이 보기에는 춤을 추고 있는 것처럼 보이기 때문이다. BSE(소해면상뇌증)인 소가 바들바들 묘하게 떠는 동작을 하거나 파킨슨병으로 떨림이 멈추지 않는 것과 비슷한 증상이다.

질환명	원인 유전자	CAG 반복	
		정상	질환
구척수성근위축증	안드로겐 수용체	7-34	38-68
헌팅턴병	헌팅틴	10-35	37-121
척수소뇌실조증 I형	아타키신 1	6-39	43-82
척수소뇌실조증 II형	아타키신 2	14-31	35-59
척수소뇌실조증 III형	아타키신 3	13-44	65-84
치상핵적핵담창구 시상하핵위축증	아트로핀 1	5-35	49-85

표 6-2 폴리글루타민병과 반복 배열

헌팅턴병의 원인은 헌팅틴(huntingtin, HTT) 단백질의 이상이다. 이것은 건강한 사람도 일반적으로 체내에 갖고 있는 단백질인데 어떤 작용을 하는지는 아직 모른다. 이 단백질의 아미노산 배열 중에는 글루타민이 여러 개 늘어선 영역이 있으며, 정상인 경우에는 늘어선 글루타민 수가 10~35개로 제어되고 있다(표 6-2). 그런데 헌팅턴병 환자를 조사해보면 이 헌팅틴 중에 글루타민이 40개 이상, 많으면 120개 이상이나 반복적으로 늘어서 있는 경우가 있다.

이처럼 글루타민의 반복이 원인이 되어 일어나는 병을 통틀어서 폴리글루타민병이라고 한다. 글루타민의 반복 배열을 폴리글루타민 반복, 또는 폴리Q 반복(Q는 글루타민의 한 문자 표기), 또는 글루타민을 지정하는 유전 암호가 CAG인 데에서 CAG 반복이라고 부르기도 한다.

폴리글루타민병 발병 메커니즘

우리들 인간이 갖고 있는 단백질 중에는 폴리글루타민 반복을 가진 것이 많이 있으므로 폴리글루타민병에도 다양한 종류가 있다. 어떤 병의 환자라도 공통되는 것은, 폴리글루타민 반복 개수가 현저하게 증가해 있다는 것이다. 일반적으로 반복 개수가 40개를 넘은 경우에 발병한다고 생각되고 있다.

폴리글루타민병 중에도 가족력이 있는 경우, 대가 이어지면서 글루타민의 반복 횟수가 늘어가는 동시에 반복 횟수가 많을수록 젊어서 증상이 나타난다고 알려져 있다. 40개를 아슬아슬하게 넘는 정도라면 상당히 나이를 먹을 때까지 증세가 나타나지 않기도 하지만, 폴리글루타민의 길이에 비례하여 발병 연령이 낮아지며 뇌의 위축도 강하게 나타난다.

폴리글루타민 반복은 불안정하여 부모에서 자식으로 전달될 때 이상하게 길어지기 쉽다. 그래서 세대를 거칠 때마다 발병 연령이 낮아지고 증상이 무거워지는 것이다(표현촉진表現促進 현상이라고 한다). 이유는 알 수 없지만 부친에게서 유전하는 경우, 이런 경향이 더 크며 심각해진다고 알려져 있다. 아무튼 양

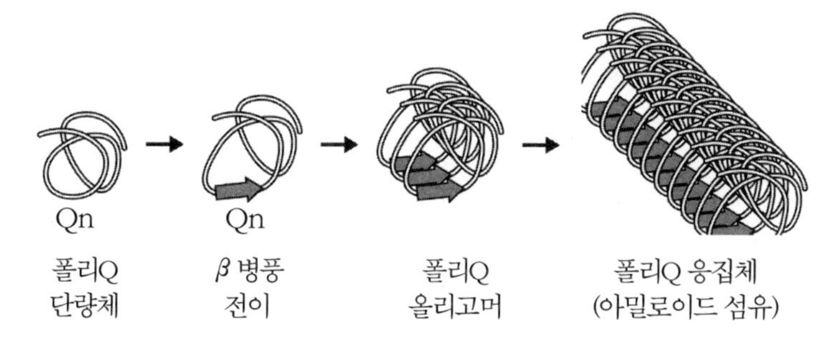

그림 6-4 폴리글루타민병의 아밀로이드 섬유 형성

친 가운데 한쪽에 유전자 변이가 있으면 자식에게 유전되는 우성 유전병이다.

발병 메커니즘에서 보면 이 폴리글루타민 부분이 대단히 불안정하여 금세 응집해버리는 것이 병의 원인이다. 이 폴리글루타민 부분은 2차 구조인 β병풍을 형성하기 쉬운데, β병풍끼리는 소수성 상호작용에 의해 서로 회합하는 성질이 있다. 무질서한 응집체라기보다는 규칙성을 가진 응집체를 형성하며, 이것은 아밀로이드라 불리는 6~10나노미터 굵기의 섬유 구조를 만들고(그림 6-4), 그것들은 차례차례 다른 폴리글루타민 β병풍을 휘감으면서 성장한다. 아밀로이드 섬유는 대단히 소수성이 높아서 조직에 침착하여 아밀로이드증(amyloidosis)이라는 병리를 일으킨다.

폴리글루타민병에는 헌팅턴병 이외에 구척수성근위축증, 척수소뇌실조증, 치상핵적핵담창구시상하핵위축증(DRPLA) 등,

다양한 척수소뇌변성증이 알려져 있다(표 6-2 참조). 이것들도 아밀로이드를 만들지만 아밀로이드 섬유를 만드는 것은 폴리글루타민 단백질만은 아니다. 알츠하이머병의 β단백질(Aβ), 크로이츠펠트야곱병이나 BSE(소해면상뇌증)의 프리온 단백질, 가족성 아밀로이드 폴리뉴로파티(Polyneuropathy)의 트랜스티레틴(transthyretin)도 아밀로이드 섬유를 만든다.

이런 폴리글루타민 단백질을 대표로 하는 아밀로이드 섬유 형성에는 아밀로이드 자체가 독성을 갖고 있다는 설, 그 바로 전 단계인 올리고머(oligome), 즉 β병풍이 몇 개 모인 것이 독성을 갖고 있다는 설 등 의견이 분분하다. 그러나 요즘은 독성을 가진 것은 올리고머이며 아밀로이드 섬유가 됨으로써 오히려 독성을 잃게 되는 것 아니냐는 의견이 유력하다. 또는 응집체를 형성하는 경우도, 응집체로서 모여버린 것은 독성은 낮을 것으로 생각되고 있다. 응집체를 만들게 하고 그것들을 격리하여 독성을 억제하고 있다는 생각인데, 결론이 나오기까지는 아직 시간이 필요할 것 같다.

재생할 수 없는 신경세포

신경세포 이외의 다양한 세포에서도 폴리글루타민 단백질의 응집은 일어나고 있다. 그러나 분열에 의해 빈번히 교체되고 있는 세포는 혹시 그 세포가 폴리글루타민 단백질의 독성에 의해 죽더라도 다른 세포가 증식하여 조직이 재생될 수 있다. 그런데 신경세포는 거의 재생을 기대할 수 없다. 한 번 응집이 일어나서 세포가 죽어버리면 거의 보충되지 않고 결손된 채로 있기 때문에 신경 변성이라는 심각한 증상을 일으키고 마는 것으로 여겨진다.

치료를 생각한다면 당연히 폴리글루타민 단백질의 응집 억제가 커다란 전략일 것이다. 어떤 종류의 분자 샤프롱이 응집을 저지할 수 있다는 몇몇 증거가 이미 보고되어 있으며, 특정 샤프롱을 유도함으로써 저지하는 가능성도 모색되고 있다. 또한 특정한 응집 단백질에 결합하여 그것의 응집을 막는 저분자 화합물을 찾기 위한 경쟁이 세계적으로 치열하게 벌어지고 있기도 하다.

알츠하이머병

238쪽 그림 6-5의 위쪽 사진은 인간의 세포를 시험관 안에서 배양하여 거기에 헌팅턴병의 원인 단백질인 헌팅틴 유전자를 도입한 것이다. 헌팅틴에는 유전공학적으로 형광단백질의 유전자를 융합시켜, 세포 안에서 헌팅틴단백질이 형광을 발하게끔 했다. 폴리글루타민의 반복 횟수를 크게 하면 헌팅틴이 응집하여 사진에서처럼 덩어리가 되어 빛난다. 이런 응집괴를 가진 세포는 아포토시스에 의해 죽게 된다.

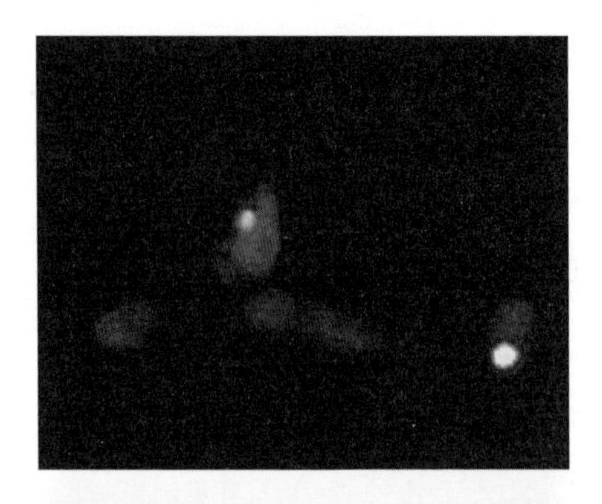

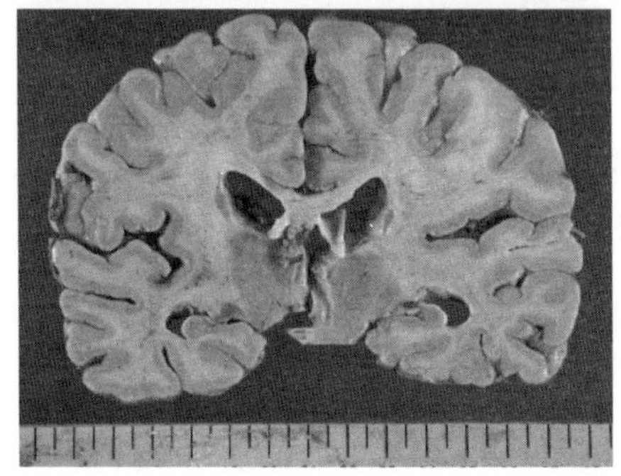

그림 6–5 세포 내의 헌팅틴 응집(위)과 알츠하이머병 환자의 뇌 절편(아래).

그림 6-5의 아래 사진은 알츠하이머병에 걸린 환자의 뇌 절편이다. 정상이라면 가지런히 모여 있을 뇌가 신경세포가 탈락해서 흩어져 있는 것이 보인다. 알츠하이머병 역시 β아밀로이드라는 응집하기 쉬운 단백질이 축적된 탓에 신경세포가 죽어버리는 병이다(뒤에서 이야기한다).

여러 가지 해면상뇌증

프리온도 헌팅틴과 마찬가지로 우리 모두가 갖고 있는 단백질인데 그것의 작용은 아직 알려져 있지 않다. 이 프리온에 변이가 생겨서 일어나는 신경변성 질환을 통틀어 해면상뇌증(海綿狀腦症)이라 부른다. 신경세포가 죽어서 탈락함으로써 뇌가 스펀지(해면)처럼 되어버리기 때문이다. 프리온이 원인이 되어 일어나는 이런 질환을 프리온병이라고 한다.

해면상뇌증 중에서 가장 잘 알려져 있는 것은 소의 BSE(소해면상뇌증)일 것이다(요즘은 '광우병Mad Cow Disease'이라는 말은 사용하지 않게 되었다). 소에 이런 병이 있다는 것은 비교적 오래 전부터 알려져 있었는데, 지금은 사람을 포함하여 다른 다양한 동물에서 발현되고 있다.

최초로 병이 발견된 것은 아마도 양일 것이다. 양의 경우는 스크래피(scrapie)라고 불리는데, 이것도 BSE와 같은 병이다. 스크래피란 '비벼댄다'는 의미로, 병에 걸린 양이 몸을 울타리에 비벼대며 몹시 가려워하는 데에서 유래한 병명이다. 그밖에 고양이, 퓨마, 치타, 밍크, 사슴, 엘크(큰사슴) 등 다양한 동물에서도 발견되고 있다. 병명은 조금씩 다르지만 모두 프리온병이며 처음에는 종간 감염은 없다고 생각했지만, 아무래도 그렇지 않다는 것이 알려지게 되었다.

인간 프리온병

인간에게서 최초로 발견된 프리온병은 파푸아뉴기니의 고지대에 사는 포어(Fore) 족에게 보이는 쿠루(Kuru)병이었다. 신경변성을 일으켜서 인지증 같은 증상이 나타나거나 운동신경이 손상되어 죽음에 이르는 병이다.

쿠루병의 특징은 여성에게 많다는 것이다. 사실 이 병의 원인은 포어 족의 카니발리즘(인육 포식)이었다. 그들에게는 마을 사람이 죽으면 죽은 이를 기리고 경배하는 의미로 친족들이 모여서 뇌를 먹는 습관이 있었다. 발증한 환자 대부분이 여성이었던 것은 남녀의 먹는 부위가 달랐기 때문인 듯하다. 포어 족에서는 이 병 때문에 여성이 일찍 사망하는 케이스가 많으며 그래서 일부다처제를 취하고 있다.

모든 프리온병이 그렇듯이 쿠루병 역시 감염에서 발증까지 기간이 대단히 길어서 30년 정도 걸리기 때문에 좀처럼 원인을 알 수 없었다. 이 병을 최초로 발견한 사람은 D. C. 가이듀섹(D. C. Gajdusek)이라는 미국 의사인데, 그는 이 발견으로 1976년 노벨생리의학상을 받았다. 뒤를 이어서 프리온이라는 단백질이 병의 원인임을 밝혀낸 사람은 미국의 BSE 연구 권위자였던 스탠리 프루시너(Stanley Prusiner)였다. 이 발견으로 프루시너도 1997년 노벨생리의학상을 받았다.

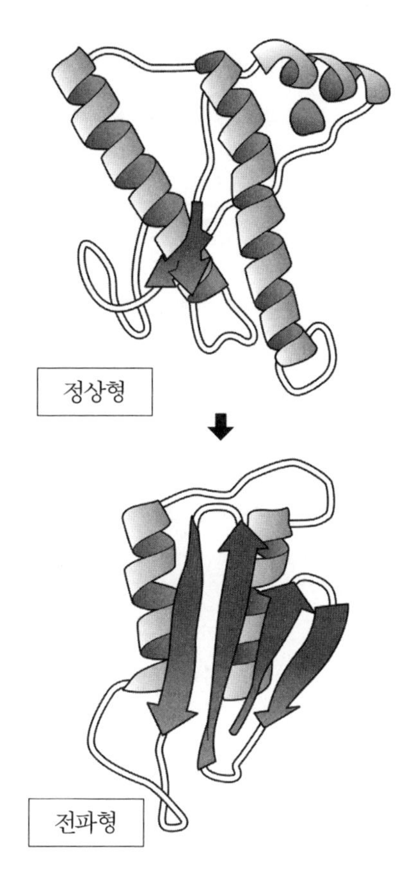

그림 6-6 프리온의 정상형과 전파형

전파형 프리온

지금은 쿠루병뿐만 아니라 인간 프리온병도 알려져 있다. 가장 유명한 것은 크로이츠펠트야콥병일 것이다. 이것은 소의 BSE가 영국에서 확인되고 그 후 십 몇 년이 지나면서 인간에게 감염된 것으로 생각된다. 그밖에도 GSS(Gerstmann-Sträussler-Scheinker Syndrome, 게르스트만 슈트로이슬러 샤잉커병), FFI(Fatal Familial Insomnia, 치명적 가족성 불면증) 등 여러 가지 병명으로 불려왔는데 이들은 모두 프리온 이상 때문에 발병한다는 것이 밝혀졌다.

프리온에는 정상형과 전파형의 두 종류가 있는데, 정상형은 일반적으로 모든 인간의 체내에 있다. 신경세포는 물론, 기타 세포의 막 등에도 존재한다고 한다. 241쪽 그림 6-6에서 나타낸 것은 두 종류의 프리온의 분자 구조인데 나선 모양으로 그려져 있는 것이 α나선(헬릭스), 화살표를 가진 판 모양 부분이 β병풍이다. 정상형에 비해 전파형에서는 β병풍이 이상증가해 있음을 알 수 있다. 어떤 원인에 의해 정상형이 전파형으로 바뀌면 폴리글루타민병의 경우처럼 이 β병풍 부분이 응집하여 세포를 죽음에 이르게 하는 것이다.

프리온의 감염력

프리온이 무서운 이유는 전파형 프리온이 일단 체내에 들어오면 그것을 씨앗이나 핵으로 삼아 우리가 원래 갖고 있는 정상형 프리온이 점점 전파형으로 바꿔어버리기 때문이다.

어떤 형태로든 전파형 프리온이 체내에 들어와서 정상형 프리온에 접촉하면 정상형 프리온에 구조 변화가 일어난다(그림

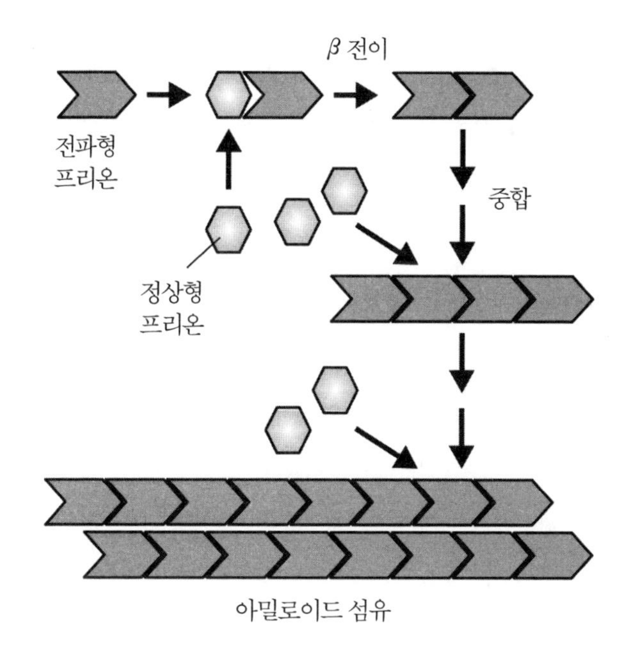

그림 6-7 정상형 프리온의 구조 변화

6-7). 거기에 다시 다음 정상형 프리온이 접촉하여 전파형으로 변한다……. 이런 과정이 되풀이됨으로써 전파형 부분이 점점 늘어나서 앞의 그림 6-4에서 보았던 β병풍이 쭉 이어진 아밀로이드 섬유를 만드는 것이다.

더욱 골치 아프게도, 이 섬유는 점점 길어지다가 어떤 자극을 받으면 몇 개의 작은 조각으로 잘려 흩어지고, 그것들이 다시 똑같은 반응을 일으켜서 연쇄적으로 전파형 프리온이 퍼지게 된다.

BSE의 위협

이 감염 방법이 무서운 이유는 DNA가 전혀 관계하지 않는다는 것이다. 지금까지 알려져 있던 감염증은 박테리아든 바이러스든, 반드시 DNA가 어떤 형태로든 관여하고 있었다. 결핵균이나 이질균 같은 세균의 경우는 자신의 유전자를 갖고 있으므로 그 유전자를 숙주세포의 환경 안에서 늘림으로써 증식하여 다음 세포로 옮겨가거나 세포를 죽인다. 인플루엔자나 에이즈 등의 원인이 되는 바이러스는 혼자 힘으로 증식할 수 없지만 먼저 자신의 유전자를 세포에 집어넣고 숙주세포의 메커니즘을 빌려서 자신의 유전자를 증식하고 주변에 퍼뜨린다.

그런데 프리온병의 경우, 증식의 계기는 단지 단백질이 세포에 들어가는 것뿐이며 DNA는 전혀 관계가 없다. 단순하게 말하면 BSE에 감염된 소의 고기를 먹기만 해도 감염되고 마는 것이다.

1980년대 중반에 영국에서 대대적으로 발생한 BSE는 17만여 마리 소에 감염하여, 그 결과 470만 마리의 소가 살처분되는 미증유의 사건으로 전개되었다. 최초의 감염원이 무엇이었는지는 지금껏 밝혀지지 않았지만 대량 발생의 원인은 감염된 소의 육골분을 사료로 사용한 것이었음은 의심의 여지가 없는 정설이다. 더욱이, 종간 감염은 없다던 BSE가 인간에게도 감염된다는 것을 알게 된 세계는 충격에 빠졌다. 영국에서만 80명 이상의 희생자가 나왔다.

더욱 골치 아프게도 프리온은 열에 강하다. 100도에서 가열해도 일부는 살아남는다. 물론 이 온도에서 DNA는 기능을 상실해버리지만 프리온병의 감염은 막을 수 없다. 프리온병이 DNA를 거치지 않는 감염증임을 시사하는 성질이기도 하다. 그야말로 삶아도, 구워도 먹을 수 없는 것이다.

프리온의 인자가 조금이라도 들어오면 우리의 신체 안에 이미 존재하는 프리온 단백질을 휘감아서 점점 멋대로 늘어난다. 이것이 다른 무엇보다도 프리온의 골치 아픈 점이다.

프리온과 분자 샤프롱

현시점에서 프리온병은 완치 방법이 없다. 그러나 전파형 프리온은 정상형 프리온에 구조 변화를 일으킴으로써 감염해간다. 그렇다면 샤프롱을 사용하여 이 구조 변화를 멈추게 할 수 있다면 치료가 가능하지 않을까, 하는 발상에 토대한 연구가 진행되고 있다.

예를 들어 이스트라는 이름으로 우리에게 친숙한 효모도 인간과 마찬가지로 프리온을 갖고 있다. 전파형 프리온에 감염되면 이것도 인간과 마찬가지로 응집하여 아밀로이드 섬유를 만든다. 그런데 여기서, 앞에서 나온 삶은 달걀을 날달걀로 되돌릴 수 있는 놀라운 솜씨를 가진 고리 모양 샤프롱 HSP104가 등장한다. 효모 연구에 따르면 HSP104는 정상형 프리온이 전파형으로 변하는 것을 억제하는 작용을 하는 것 같다.

이 HSP104의 작용은 세포 내에 존재하는 양에 따라서도 다른 것 같다. HSP104가 충분할 경우, 정상형에서 전파형으로의 구조 변화를 억제하는 작용을 하는 것 같다. 그런데 HSP104가 전혀 없어도 구조 변화가 일어나지 않는 것 같다. 즉, 아예 없거나 아주 많으면 구조 변화가 일어나지 않는다. 그렇다면 이 샤프롱을 대량으로 투여하면 감염을 막을 수 있지 않을까 하는 생각에 지금도 연구가 진행되고 있다.

이런 샤프롱을 사용한 방법 이외에도, 전파형끼리의 응집을 억제하기 위해서, 하나하나의 단백질 사이에 끼워서 중합을 막을 만한 저분자 물질은 없는지, 또는 프리온에 결합하는 다른 물질은 없는지, 등등 여러 가지 치료법을 찾기 위한 시도가 계속되고 있지만, 유감스럽게도 아직 결정적인 것은 발견되지 않았다.

알츠하이머병의 메커니즘

프리온병과 비슷한 것으로는 유명한 알츠하이머병이 있는데, 이것도 일종의 접힘이상병이다. 알츠하이머병은 독일의 정신병리학자 알츠하이머(A. Alzheimer)가 최초로 보고한 증례에서 그의 이름이 붙은 신경변성 질환이다.

알츠하이머병의 특징은 환자의 뇌가 신경세포 탈락에 의해 현저하게 위축되는 것, 신경세포 내에 섬유 모양의 물질이 축적된 신경원섬유의 변화가 보이는 것, 그리고 대뇌피질에 노인성 반점이라 불리는 얼룩 같은 축적물이 광범위하게 존재하는 것 등 3가지다. 알츠하이머병 중에서도 유전적 요인에 의해 일어나는 일부 가족성 알츠하이머병의 원인 유전자로 아밀로이드 전구체 단백질(APP)이라는 막을 관통하는 단백질도 주목받고 있다. 이것도 원래부터 인간이 갖고 있는 단백질인데 어떤 작용을 하는지는 아직 알려져 있지 않다.

APP의 특징은 어떤 특정한 장소에서 절단되면 독성을 갖게 된다는 점이다. 248쪽 그림 6-8에 보이듯이 APP는 먼저 β세크레타제(secretase)라는 절단효소에 의해 절단되고, 다시 막의 내부에서 이번에는 γ세크레타제라는 다른 절단효소에 의해 잘려 떨어져나간다. 이렇게 해서 에이베타(Aβ)라는 아미노산이 되어 42개의 짧은 파편이 세포 내를 떠돌아다니는데, Aβ42는 대단히 불안정하므로 곧바로 응집하여 아밀로이드 섬유를 형성한다. 이것이 신경세포사의 원인이 되며 그림 6-5(238쪽 참조)에서 보았듯이 위축이 현저하게 진행된 뇌가 되어버린다.

이 Aβ응집체가 침착해서 생기는 것이 노인성 반점이다. 치료방법으로는 β세크레타제 · γ세크레타제의 저해제를 만들어서 APP의 절단을 막아보려는 시도가 있지만, 이것 역시 아직 완전한 해결을 보지 못하고 있다.

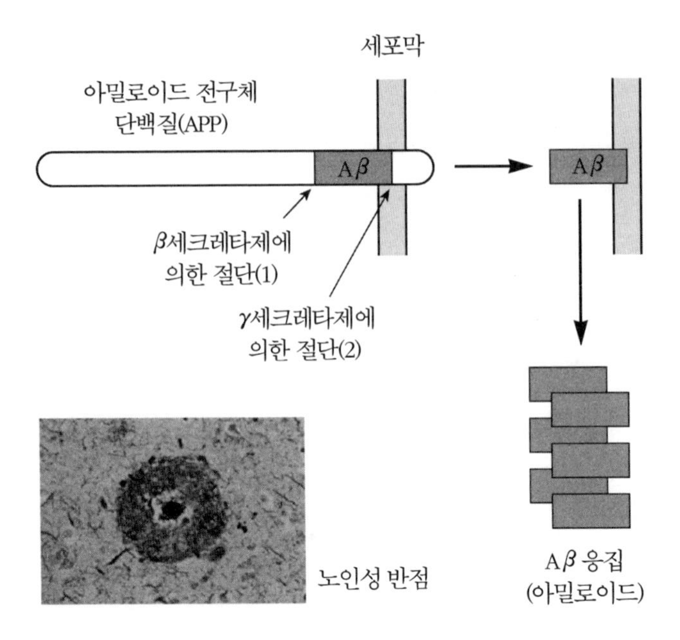

그림 6-8 β 아밀로이드의 형성

새로운 치료법을 향해

이와 같은 병리는 기존의 유전병 개념으로는 도저히 이해하기 힘든 새로운 개념이다. 크게 생각하면, 예전에는 유전병이란 어떤 특정한 유전자 때문에 변이가 일어나고, 그것에 의해서 그 단백질이 맡고 있던 기능이 손상되어 병이 된다고 생각했다. 물론 거기에 전부 포함할 수 없는 병리도 수없이 많이 있겠지만, 이번 마지막 장에서 우리가 살펴본 병은 그것들과는 크게 양상이 다르다. 그것들은 특정 단백질의 기능이 손상된 것이 아니라 그 단백질의 기능과는 관계없이, 그 단백질의 불안정성 때문에 단백질의 응집체를 만들고, 그것이 세포에 독성을 부여함으로써 신경세포 탈락 따위의 증상을 초래하게 되는 것이었다. 접힘이상병이라는 명명은, 그와 같은 병의 원인을 단적으로 보여주는 것이다.

이런 것을 보면 단백질의 품질관리가 생명체에게 얼마나 중요한지를 새삼 주목하게 된다. 접힘이상, 그리고 그처럼 변형된 단백질의 품질관리라는 관점에서 봄으로써, 기존의 개념에 포함되지 않는 유전병의 존재가 비로소 보이게 된 것이다. 그리고 유전자병으로서만이 아니라, 프리온병처럼 DNA를 거치지 않는 새로운 감염병의 양태도 보이기 시작했다.

접힘이나 품질관리는 단백질이 정상적으로 작용하기 위해 정교하고 치밀하게 구성된 세포의 시스템인데, 그 시스템은 제대로 작동하는 동안에는 별로 우리의 눈길을 끌지 않지만, 일단 그것이 망가지거나 품질관리가 과잉되면 눈에 보이는 병리로서 우리 앞을 막아선다. 그것은 원래 우리 신체의 일부를 구성하고 있는 단백질이므로 치료가 훨씬 어렵다. 어떤 의미에서는 암 치료가 어려운 것과 비슷하다.

암도 그 근원을 더듬어 가면, 우리의 개체를 구성하는 세포에 어떤 변이가 생겨 악성화한 것이다. 억제가 듣지 않게 되면 점점 증식한다는 난감한 특질, 또한 그 세포 본래의 기능을 상실하고 있다는 성질 이외에, 우리 자신의 세포와 차이가 별로 없다. 그러므로 외부에서 침입해온 세균 등을 공격하듯이 암 세포만을 콕 집어 죽이는 것은 불가능하다. 항암제 등에 의한 화학요법에서는 정상세포를 죽이는 부작용을 감수하면서 치료하는 수밖에 없다.

접힘이상병의 경우도, 원래는 체내에 풍부하게 있는 단백질이 '위법화'해가는 것이며, 현 단계에서는 그것들에 특이적인 치료법을 찾아내는 것은 곤란한 상황이라고 말할 수밖에 없다. 그 유효한 치료법을 위해서라도 접힘의 특질을 보다 깊이 알아내고, 품질관리 메커니즘을 상세히 연구하는 것은, 앞으로 그런 질환을 극복하는 데에도 꼭 필요하고 중요한 과정이다.

마치며

DNA에 쓰인 유전정보의 총체를 게놈이라고 하는데, 이미 알려져 있듯이 인간 게놈 프로젝트는 2003년에 완성되었다. 인간 게놈 프로젝트의 완성으로 30억이라는 문자(염기)로 쓰인 인간의 모든 정보, 부모에서 자식으로 전달되는 유전정보가 모두 해명되었다.

단백질은 유전자 정보를 토대로 만들어지는데, 그렇다면 단백질의 모든 것도 알게 되었을까? 대답은 '아니요'이다.

나는 자연의 재미, 또는 과학의 묘미는 뭔가 한 가지를 알게 되면 그 이상으로 많은 수수께끼나 의문이 꼬리에 꼬리를 물고 솟구친다는 점이라고 생각한다. 〈알아낸 것〉 이상으로, 〈모르는 것〉이 생겨나는 것이다. 이 불가사의함이야말로 우리를 자연과학이라는 분야에 매일같이 침식을 잊고 연구에 몰두하게 하는 이유이다.

단백질은 대단히 개성이 풍부한 존재다. 아미노산 배열의 차이는 구조나 기능의 차이로 나타나며 표정과 작용도 그야말로 천차만별이다. DNA가 오로지 암호를 복사하거나 읽어내는 조용한 독서파라면, 단백질은 자신의 몸을 제공하여 실제로 다양한 노동에 종사하고 있다. 모든 생명 활동에 단백질은 필수이다. 세포 내의 모든 인프라나 단백질 자신의 생산이나 관리, 다양한 정보를 받아들이고 전달하고 제어하는 등, 생명 활동에서 단백질이 관여하지 않는 부분은 단 한 군데도 없다고 말해도 좋을 것이다.

그처럼 개성 넘치는 단백질은 당연히 옛날부터 연구 대상이며, 생명과학 연구에서도 연구자가 많은 분야이기도 하다. 그러나 지금까지는 단백질이라고 하면, 어떤 구조를 획득한, 말하자면 성숙한 단백질만이 연구 대상이었다. 그러나 실제 세포 내부의 단백질은 갓 태어난 폴리펩티드 상태에 있는 것에서 정상적인 구조를 가진 한몫을 한 것까지, 여러 가지 상태가 숨어 있다는 점에 주목하게 된 것은 그리 오래지 않았다. 오히려 최근의 일이라고 말해도 될 것이다.

일본 문부과학성에는 특정영역 연구라는 과학연구비 제도가 있는데, 2002년부터 5년간, 우리의 분야에서는 '단백질의 일생'이라는 이름으로 특정영역 연구가 조치되었다. '단백질의 일생'이란 과학연구비를 받는 그룹 이름으로는 상당히 이질적이었지만, 이것이 채택되어 전국의 60여 개 연구팀이 각각 훌륭한 성과를 올렸다. 그 전에는 내가 대표를 맡았던 '분자 샤프롱에 의한 세포 기능 제어'라는 연구 그룹이 있었고, 현재는 '단백질의 일생'을 발전적으로 계승한 '단백질 사회'라는 연구 그룹이 있다.

이 분야에서는 일본의 연구자들이 세계적으로 커다란 공헌을 하고 있으며, 그룹 연구에 대해서 연구비를 책정하는 문부과학성의 과학연구비 제도가 연구자층의 확충과 더불어 서로 정보를 교환하면서 절차탁마하는 점에서도 커다란 힘을 발휘하고 있다.

나도 이들 특정 영역 연구반의 일원으로, 또는 대표로 '단백질의 일생'에 관해 20여 년 동안 관여해왔다. 이 책에서 소개하고 있듯이 패러다임 전환을 포함하는 이 분야의 커다란 전개에 실시간으로 함께해온 셈이다. 단백질의 일생이라는 지극히 보편적이고 기초적인 연구가 그것을 추진해가보니 BSE 등의 프리온병이나 알츠하이머병 등을 포함한 여러 가지 신경변성 질환 등의 병리 연구로 이어지는 가슴 설레는 전개와도 조우하게 되었다.

이런 연구의 전개를 가까이에서 접해온 것이 이 책을 쓰겠다고 생각한 계기이다. 이른바 '교양과학서'는 일반 독자들에게 전달하기가 참 어렵다. 정확하게 전달하려 하면 사소한 것에 집착하여 전문적인 내용이 되어버리고 일반 독자를 너무 의식하면 내용이 부실해지기 쉽다. 그런 본질적인 난관을 의식하면서, 생명과학의 재미를 이 분야와는 전혀 인연이 없는 독자 여러분에게 쉽게 전달하려 한 것이 이 책이다.

세포라는 눈에 보이지 않는, 그야말로 작은 마이크로 코스모스의 세계지만 너무나 정교하게, 그리고 너무나 훌륭하게 만들어져 있는 한 예로서 단백질의 일생에 초점을 맞춰 소개한 것이다. 이 책을 계기로 세포라는 우리 생명의 가장 기본적인 단위, 그리고 그 세계에 흥미를 갖게 된다면 지은이로서 너무나 행복하겠다.

나의 전문은 분자 샤프롱이나 단백질의 품질관리 분야이다. 그러나 필요에 따라 좀 더 일반적인 세포생물학의 여러 분야에 대해서도 설명했다. 개인의 능력으로 그 모든 것을 커버하기에는 부족한 부분도 있을 것이며, 나만의 틀린 생각이나 부족한 점도 있을 것이다. 그런 세부적인 부분에 부적절함이 있다면 그것은 모두 지은이인 나의 책임이다.

이 책이 탄생하는 데에는 이와나미서점 신서 편집부의 후루카와 요시코(古川義子)의 힘이 컸다. 그녀가 눈을 반짝이면서 수

많은 질문을 해줌으로써, 설명이 부족한 내용이 수없이 수정되고 알기 쉬운 문장으로 다시 태어났다. 열심히 공부하는 학생이 교사를 키우고 좋은 독자가 저자를 키우는 법이다. 깊은 감사를 드린다.

2008년 5월

나가타 가즈히로

단백질의 일생

지은이 _ 나가타 가즈히로
옮긴이 _ 위정훈
펴낸이 _ 강인수
펴낸곳 _ 도서출판 파피에

초판 1쇄 발행 _ 2018년 12월 14일
초판 2쇄 발행 _ 2021년 6월 17일

등록 _ 2001년 6월 25일 (제2012-000021호)
주소 _ 서울시 마포구 서교동 487 (506호)
전화 _ 02-733-8668
팩스 _ 02-732-8260
이메일 _ papier-pub@hanmail.net

ISBN 978-89-85901-87-1 (03400)

· 잘못 만들어진 책은 바꾸어 드립니다.
· 값은 뒤표지에 있습니다.